国家出版基金资助项目
"十二五"国家重点图书
材料研究与应用著作

沥青与沥青混合料黏弹特性

VISCOELASTIC CHARACTERISTICS OF ASPHALT BINDER AND ASPHALT MIXTURE

谭忆秋　单丽岩　编著

哈爾濱工業大學出版社
HARBIN INSTITUTE OF TECHNOLOGY PRESS

内 容 提 要

本书主要介绍黏弹力学的基本原理及其在沥青材料性能分析中的应用。全书共分为9章,分别阐述了非牛顿流体、线性黏弹性材料黏弹特性、黏弹模型、积分型本构模型、黏弹材料的动态力学行为、三维黏弹模型、沥青与沥青混合料的静态黏弹特性,以及沥青与沥青混合料的动态黏弹特性。

本书适用于从事实验黏弹力学以及沥青与沥青混合料研究的科研人员,也可作为高等院校相关专业师生的教材。

图书在版编目(CIP)数据

沥青与沥青混合料黏弹特性/谭忆秋,单丽岩编著. —哈尔滨:哈尔滨工业大学出版社,2017.6
ISBN 978-7-5603-6047-8

Ⅰ.①沥… Ⅱ.①谭… ②单… Ⅲ.①沥青-黏弹性-高等学校-教材 ②沥青拌和料-黏弹料-高等学校-教材 Ⅳ.①U414.7

中国版本图书馆 CIP 数据核字(2016)第 119768 号

策划编辑	王桂芝
责任编辑	李广鑫 杨明蕾
封面设计	卞秉利
出版发行	哈尔滨工业大学出版社
社　　址	哈尔滨市南岗区复华四道街10号 邮编150006
传　　真	0451-86414749
网　　址	http://hitpress.hit.edu.cn
印　　刷	哈尔滨市工大节能印刷厂
开　　本	660mm×980mm 1/16 印张 12.75 字数 196 千字
版　　次	2017年6月第1版 2017年6月第1次印刷
书　　号	ISBN 978-7-5603-6047-8
定　　价	68.00 元

(如因印装质量问题影响阅读,我社负责调换)

前　言

目前,道路沥青与沥青混合料已经成为最重要的路面工程材料。随着沥青与沥青混合料应用面积的不断扩大以及科技水平的不断提高,对沥青材料的质量要求也在不断提高。依据合适的理论与科学方法不断提高沥青与沥青混合料的路用性能,对提高路面性能、延长道路使用寿命、促进我国道路建设事业的不断发展具有重要意义。

沥青与沥青混合料是典型的黏弹性材料,其力学行为及路用性能具有特殊性。采用黏弹理论分析及解决目前沥青与沥青混合料评价及使用中存在的问题,是合理有效的研究途径,也是目前及未来主要的研究方向。现今关于黏弹性的书籍主要讲述的是高聚物的黏弹特性,缺少专门针对沥青材料黏弹特性的书籍。此外,多数黏弹性书籍讲述的是材料的黏弹变形,忽略了黏弹性材料的破坏与强度问题。针对以上问题,作者结合现有的黏弹性理论及多年从事沥青材料研究所取得的成果,详细讲述了和沥青与沥青混合料路用性能相关联的黏弹技术,以及研究涉猎的基础理论和基本方法。

本书得到黑龙江省精品图书出版工程项目和国家出版基金资助出版,研究成果是在国家自然科学基金(资助编号:51225803,51478153)的资助下完成的。本书紧密结合沥青材料研究中面临的主要问题,系统、全面地介绍了黏弹力学基本理论及该理论在沥青与沥青混合料性能研究中的应用。

全书共9章,由哈尔滨工业大学谭忆秋主持撰写,其中第1,3,5,6,7章由谭忆秋撰写,第2章由北京科技大学郭猛撰写,第4,8,9章由哈尔滨工业大学单丽岩撰写。此外,张红、许亚男、田霜、贺鸿森、冯一尘、李壮等参与了本书的修改和校对工作,在此一并致谢。

由于作者水平有限,书中疏漏及不妥之处在所难免,敬请同行专家不吝赐教。

作　者
2016 年 12 月

目　　录

第1章　绪　　论 ……………………………………………………… 1
1.1　黏弹性理论 ……………………………………………………… 1
1.1.1　黏弹性材料 ………………………………………………… 1
1.1.2　黏弹性力学的研究方法 …………………………………… 3
1.2　沥青与沥青混合料的黏弹性 …………………………………… 4
1.2.1　道路石油沥青 ……………………………………………… 4
1.2.2　沥青混合料 ………………………………………………… 5
1.2.3　沥青与沥青混合料路用性能的基本特点 ………………… 6
1.2.4　沥青与沥青混合料的黏弹性力学行为 …………………… 7

第2章　非牛顿流体 …………………………………………………… 9
2.1　牛顿流体特性 …………………………………………………… 9
2.1.1　稳定的剪切流动 …………………………………………… 9
2.1.2　牛顿流体变形的特点 ……………………………………… 11
2.2　非牛顿流体特性 ………………………………………………… 12
2.2.1　基本特性 …………………………………………………… 12
2.2.2　黏度的温度依赖性 ………………………………………… 15
2.2.3　触变性 ……………………………………………………… 19
2.2.4　其他性质 …………………………………………………… 23
2.3　非牛顿流体流动曲线 …………………………………………… 27
2.3.1　流动曲线的分析 …………………………………………… 27
2.3.2　幂律公式 …………………………………………………… 29
2.3.3　宾汉姆(Bingham)塑性体 ………………………………… 30
2.4　流动曲线的测定 ………………………………………………… 31
2.4.1　旋转式黏度计 ……………………………………………… 31
2.4.2　圆管中流体的黏度测量 …………………………………… 37
2.4.3　动态剪切流变仪 …………………………………………… 39

第3章 线性黏弹性 …… 44
3.1 线性黏弹性的基本概念 …… 44
3.1.1 蠕变实验 …… 44
3.1.2 应力松弛实验 …… 46
3.2 线性黏弹性的定义——玻尔兹曼(Boltzmann)加和原理 …… 48
3.2.1 正比性 …… 48
3.2.2 加和性 …… 48
3.3 蠕变与松弛 …… 54
3.3.1 蠕变柔量 …… 54
3.3.2 松弛模量 …… 56
3.3.3 蠕变和回复 …… 57

第4章 黏弹模型 …… 61
4.1 黏弹模型的基本元件 …… 61
4.1.1 弹性元件 …… 61
4.1.2 黏性元件 …… 62
4.1.3 塑性元件 …… 62
4.2 拉普拉斯积分变换 …… 63
4.2.1 拉普拉斯变换 …… 63
4.2.2 拉氏变换的性质 …… 66
4.3 二元件黏弹模型 …… 74
4.3.1 Maxwell模型 …… 74
4.3.2 Kelvin模型 …… 77
4.4 三元件和四元件黏弹模型 …… 79
4.4.1 三元件模型 …… 79
4.4.2 四元件模型——Burgers模型 …… 86
4.4.3 模型元件的基本特性 …… 90
4.5 微分型本构方程 …… 93
4.5.1 广义Maxwell模型 …… 93
4.5.2 广义Kelvin模型 …… 97

第5章 积分型本构模型 …… 101
5.1 响应函数 …… 101

  5.1.1 蠕变柔量和松弛模量 ………………………………… 101
  5.1.2 各种流变模型的响应函数 ……………………………… 101
 5.2 卷积定理 ……………………………………………………… 104
  5.2.1 卷积的概念 ……………………………………………… 105
  5.2.2 卷积定理 ………………………………………………… 106
  5.2.3 Stieltjes 卷积定理 ……………………………………… 108
 5.3 积分型本构方程 ……………………………………………… 109

第 6 章 黏弹材料的动态力学行为 ………………………………… 113
 6.1 振动荷载输入与响应 ………………………………………… 113
  6.1.1 施以交变应变时材料的应力响应 ……………………… 113
  6.1.2 施以交变应力时材料的应变响应 ……………………… 117
  6.1.3 振动荷载下黏弹材料的能耗 …………………………… 118
 6.2 黏弹模型对于交变应力的响应 ……………………………… 120
 6.3 黏弹性特征函数的换算关系 ………………………………… 124
  6.3.1 黏弹性特征函数 ………………………………………… 124
  6.3.2 复数模量与松弛函数的关系 …………………………… 124
  6.3.3 复数蠕变柔量与延迟函数的关系 ……………………… 126
  6.3.4 松弛系和蠕变系之间的换算 …………………………… 127
 6.4 时温等效 ……………………………………………………… 128
  6.4.1 时间温度换算 …………………………………………… 128
  6.4.2 WLF 公式 ……………………………………………… 130
  6.4.3 Arrhenius 公式 ………………………………………… 134
  6.4.4 "时温等效原理"在流动曲线上的应用 ……………… 135

第 7 章 三维黏弹模型 ……………………………………………… 139
 7.1 三维本构关系 ………………………………………………… 139
 7.2 线性黏弹性理论的基本方程及对应原理 …………………… 145
 7.3 对应原理的应用 ……………………………………………… 150
  7.3.1 薄壁筒问题的黏弹性解 ………………………………… 150
  7.3.2 柱体单向拉伸问题 ……………………………………… 156

第 8 章 沥青与沥青混合料的静态黏弹特性 ……………………… 158
 8.1 沥青与沥青混合料的蠕变、松弛特性 ……………………… 158

8.1.1　沥青的蠕变特性 …………………………………………… 158
　　　8.1.2　沥青的蠕变恢复特性 ……………………………………… 158
　　　8.1.3　沥青的松弛特性 …………………………………………… 161
　　　8.1.4　沥青混合料的蠕变特性 …………………………………… 162
　　8.2　沥青的触变性 …………………………………………………… 163
　　　8.2.1　触变性对沥青疲劳性能的影响 …………………………… 163
　　　8.2.2　沥青的触变模型 …………………………………………… 164
　　8.3　关于零剪切黏度 ………………………………………………… 166
　　　8.3.1　零剪切黏度 ………………………………………………… 166
　　　8.3.2　静态模式确定零剪切黏度 ………………………………… 167
　　　8.3.3　动态模式确定零剪切黏度 ………………………………… 169
第9章　沥青与沥青混合料的动态黏弹特性 ……………………………… 172
　　9.1　沥青与沥青混合料的模量主曲线 ……………………………… 172
　　　9.1.1　模量主曲线模型 …………………………………………… 172
　　　9.1.2　模量主曲线的建立 ………………………………………… 173
　　9.2　沥青的疲劳—流变机理 ………………………………………… 176
　　　9.2.1　沥青的疲劳—流变过程 …………………………………… 176
　　　9.2.2　损伤与触变性对沥青疲劳性能影响的分离 ……………… 180
附录　拉氏变换简表 …………………………………………………………… 185
参考文献 ………………………………………………………………………… 191
名词索引 ………………………………………………………………………… 192

第1章 绪 论

1.1 黏弹性理论

1.1.1 黏弹性材料

刚体不改变形状。在基本的力学处理中,只考虑物体的平动和转动而不考虑其形状的变化,这种物体称为刚体,刚体不改变形状。弹性体的形状取决于所施加的力。很显然,这种物体有一定的形状,施加力时,其形状发生变化,而力被移去后,物体即恢复其原有的形状。

对于金属、其他结晶固体和玻璃态固体,如果变形比较小,在轴向拉伸试验中长度的变化是正比于施加的力的,这种力学模式称为线弹性(Linear elasticity),它对许多固体是适用的。钢是刚体还是弹性体取决于实验方法。如果力较小,测量方法不十分精密,钢可被认为是刚体。如果力较大,测量方法较精密,能测出钢的变形,这时钢可被看作弹性体。在其他实验中(如振动的衰减或施加很大的力,使钢材出现永久变形或断裂时),这两种模式都不适用,必须采用更复杂的模式。

对于液体,在经典力学中常常讨论的两种模式为:完全流体和线性黏性流体或牛顿流体。在完全流体中,液体作用在任何表面上的力总是垂直于该表面。而且,一部分流体作用在相邻部分上的力,也总是垂直于这两部分流体之间想象的界面。这种压力称为静水压。这种模式被应用于水力学、气动力学以及流体力学中。对于线性黏性流体,如流体是静止的,静水压也是各向同性的。如施加任何别的力,流体发生变形,这种变形称为流动,最简单的实验是流体通过小口径管子的流动。我们发现,流动速度正比于所加之力。

对于空气和水这样的流体,离管壁较远的部分可被认为是完全流体,而接近管壁的部分则可被认为是黏性流体。实际上,完全流体即当速度梯度很小时的黏性流体,被认为是黏性流体的一种特殊情况。

随着研究的不断深入以及力学理论的发展,人们发现除以上的弹性体和黏性体外,有一类材料受力后的变形过程是一个随时间而变化的过程,卸载后的恢复过程又是一个延迟过程。这类材料内的应力不仅与当时的应变有关,而且与应变的全部变化历史有关,这时应力应变之间的一一对应关系已不复存在,人们把这类材料称为黏弹性材料。高分子材料、复合材料、地质材料、沥青、混凝土、高温下的金属即属于这种类型的材料。

黏弹性材料随时间而变化的过程,表现出下列 4 个主要特点:

① 蠕变:在持续不变的加载下变形会逐渐增加;

② 应力松弛:在持续不变的应变下应力会逐渐减弱;

③ 迟滞:材料的应变响应滞后于应力,致使一个加载过程中的应力应变曲线形成滞后环,滞后环下的面积代表一个加卸载过程的能量损失;

④ 应变率敏感:反映材料力学性质的一些物理量,如杨氏模量、剪切模量、泊松比等,一般与应变速率(或时间)有关。

黏弹性材料可以想象为一个"谱",在这个"谱"的最右端是经典黏性流体,而在最左端是弹性固体。许多实际材料则展示出介于弹性和黏性两种极端情况之间的力学性质,这种黏弹性性质可以由弹性性质和黏性性质按某种相对比例组合出来。在一般情况下,固体高聚物(如尼龙、刚化聚苯乙烯、塑料等)以及金属、橡胶等接近弹性端,而黏弹性流体(如高分子溶液)则靠近黏性端,熔融的高分子材料其性质似乎处于中间位置。任何一种具体材料到底处于黏弹性"谱"的何种位置除依赖于材料本身条件外,还依赖于工作条件,如温度、加载速率等。钢材在一般条件下是固体,但在高速撞击下与流体无异。Silly putty(一种类似橡皮泥的材料)在通常情况下可塑性很大,但在快速落地时可以像皮球一样被弹回。

黏弹性一词来源于模型理论,即这种性质可以用弹性元件和黏性元件串联或并联所组合而成的某种模型加以表示,如 Maxwell 模型、Kelvin－Voigt 模型等。在不同场合、不同书刊中我们还常常接触到一系列相关而不尽相同的名词,如蠕变、松弛、黏性、阻尼、内摩擦、滞弹性或弹性后效等,这些统称为材料的黏弹性性质。

古希腊哲学家赫拉克利特(Heraclitus)曾提出过"一切皆流,一切皆变"的观点,即任何物体和材料皆具流变特性。在常温、小变形情况下,多数金属为线弹性体,但即使在这种情况下,乐器的金属簧片的振动甚至在真空中也会很快衰减,说明材料或多或少存在"蠕变""松弛""迟滞"等现象,只不过有的表现得很明显,有的在一定条件下却不甚明显,可以不加考虑。因而给人们带来一种偏见,似乎认为固体与流体的区别就在于固体有一定形状,不随时间而改变。其实固体的这种属性不是绝对的,这只是一定条件下的一种近似而已。任何固体都具有一定的流动性,例如大地在缓慢地流动,比萨斜塔斜度在逐渐增加,古老教堂的大窗玻璃变得上薄而下厚,等等。反之,流体也都是具有一定的黏滞性(不流动性),如石油在管道中的流动、血液流动等都受到一定的黏滞阻力。因此材料流变特性或黏弹性特性的研究具有普遍的意义。

1.1.2 黏弹性力学的研究方法

黏弹性力学是流变学的一个重要分支,也是现代科学的一个新兴领域。与经典力学不同,黏弹性力学不仅研究物体宏观力学行为的一般规律,同时也研究导致物体宏观力学行为多种多样性的变形机理。因此,黏弹性力学的较新定义是"与可变形物体的机理有关的一个物理学分支"。换句话说,黏弹性力学不仅通过黏弹性变形这一特殊的运动形式来指导我们认识物质世界的宏观现象,更重要的是通过延迟弹性变形机理的研究,指导我们认识材料微观结构组成形式与材料宏观物质运动形式的内在联系,使我们从本质上了解材料力学行为的多种多样性。

在这一方面取得显著成果的是关于高分子合成材料聚合物的黏弹力学研究。在聚合物黏弹力学中,不仅可以根据分子的热物理特性来说明物体产生瞬时弹性、黏弹性及黏性流动的变形机理,还可以根据大分子的结构特点来说明一定条件下不同物体产生不同黏弹性力学行为的变形机理。因此,黏弹性力学这一物理学分支的研究已经涉及物体的分子结构理论、热物理学、分子热力学理论,并且与弹塑性力学、流体力学、断裂力学、损伤力学等现代力学的研究成果紧密相关。在这一意义上,可以说黏弹性力学是一门处于前沿地位的新兴边缘学科。

黏弹性力学本身是一门以实验为基础的学科,由于通常不得不采用唯象手段处理工程材料的黏弹特性力学行为，所以实验研究就具有更加重要的实际意义。以实验作为基本手段的黏弹性力学研究方法称为实验黏弹力学，实验黏弹力学更侧重对材料宏观力学变形规律的描述与预测。对于工程材料，实验黏弹力学的主要研究目的是通过适当的试验手段，根据生产活动中遇到的实际问题，模拟产生这些问题的应力条件、变形历程、温度及环境，建立经验或半经验－半理论公式来定量地描述材料的黏弹性力学行为。

由于黏弹性材料的变形行为依赖于温度和时间，在一些情况下还可能依赖于应力水平面表现出非线性，因此这类材料的试验研究设备一般比较精密，进行试验测定时需要严格控制时间、变形速度、温度或者降温速度、稳态应力、动态应力等。

1.2 沥青与沥青混合料的黏弹性

1.2.1 道路石油沥青

沥青材料品种繁多，可以按照沥青材料的来源、炼制加工方法、工业用途、存在形态等分为许多种类。

按沥青的来源可将其分为：由石油炼制得到的石油沥青；以特立尼达湖沥青为代表的天然沥青；煤、木材、页岩等有机物质经碳化作用或在真空中分馏得到的焦油沥青。按石油炼制方法可将其分为：直馏沥青、氧化沥青、溶剂沥青、调和沥青等。石油沥青可按原油蜡含量的多少，分为石蜡基、中间基和环烷基。按沥青的形态可将其分为：黏稠沥青、液体沥青、乳化沥青。按沥青的用途可将其分为：用于铺筑路面的道路沥青；用于防水、防潮，也用于制造防水材料，如油毛毡、沥青油膏的建筑沥青；大型水工结构物作为面板或芯强防水防渗材料的水工沥青等。道路石油沥青是使用量最大、最具有典型性的沥青材料，本书主要以道路石油沥青作为主要研究对象。

道路石油沥青是由多种化合物组成的混合物，成分极其复杂。沥青的化学元素分析证明，沥青为碳氢化合物，主要由碳（C）、氢（H）两种化学元素组成。沥青中也含有少量的硫(S)、氮(N)、氧(O),以及一些金属元素如钠(Na)、镍(Ni)、镁(Mg)和钙(Ca)等,它们以无机盐或氧化物的形式存在,约占5%。

目前,多使用四组分分析法将沥青分为沥青质、饱和分、芳香分和胶质四种组分。在沥青中,沥青质是分散相,饱和分与芳香分是分散介质,胶质包裹沥青质形成胶团,分散在油分中形成稳定的胶体。沥青各个组分的数量决定了沥青的胶体结构类型,沥青的胶体结构决定了沥青的物理力学性能与应用特点。

1.2.2 沥青混合料

沥青混合料由作为胶结料的道路石油沥青和砂、碎石、矿粉等矿质原料,按照一定比例(必要时也包括纤维等其他填料)共同组成,在沥青胶结料具有适宜黏度时,将沥青混合料充分拌和后摊铺、碾压成型,成为满足使用要求的沥青路面。沥青混合料种类繁多,大致可以分类如下。

1. 按混合料拌和与摊铺温度分类

热拌热铺沥青混合料是将沥青和矿质集料加热至沥青获得较好流动性能的温度后拌制而成的路面材料,需要在较高温度下摊铺、压实成型。由于在高温条件下采用专用设备拌和,所以沥青与矿质集料能形成良好的黏结。热拌热铺沥青混合料具有优良的路用性能,是目前沥青路面普遍使用的混合料类型。冷拌冷铺沥青混合料是采用乳化沥青、稀释沥青或其他低黏度沥青胶结料,在常温下与矿质集料拌和得到的混合料,仅在常温下摊铺、碾压成型。热拌冷铺沥青混合料是使用黏度较低的沥青与集料在热态下拌和成的混合料,储存于常温条件下,使用时在常温下直接摊铺压实,一般用作沥青路面的养护材料。

2. 按集料的最大粒径分类

按集料的最大粒径分类,可以将沥青混合料分成粗细不同类型,如粗粒式沥青混合料、中粒式沥青混合料、细粒式沥青混合料等。通常,粗粒式混合料用于沥青面层的中层或下层,中粒式混合料用于中层或上层,细粒式混合料用于上层。

3. 按压实后混合料的密实度分类

将集料颗粒配成连续级配,与沥青拌和经摊铺压实后其剩余空隙率小于10%的,称为密实式沥青混合料。其中剩余空隙率为3%～6%的称为Ⅰ型密实式沥青混合料,剩余空隙率为6%～10%的称为Ⅱ型密实式沥青混合料。压实后剩余空隙率为10%～15%的混合料称为半开级配沥青混合料。剩余空隙率大于15%的称为开级配沥青混合料,由于空隙率大,常常又称为多孔性沥青混合料。无论密实式还是开式沥青混合料,又都有粗粒式、中粒式和细粒式之分。

近年来,为了提高沥青路面表面功能,沥青玛蹄脂碎石(SMA)和排水性沥青混合料(OGFC)等也有较多应用。SMA由高含量的粗集料形成骨架,用沥青、矿粉、纤维组成的玛蹄脂和少量细集料填充空隙形成密实结构,以提高沥青混合料的路用性能。OGFC的空隙率通常大于20%,用于加快路面排水能力,提高路面抗滑性能,降低行驶噪声。

沥青混合料中的矿质混合料是由粒径大小不等但按照一定比例组合的粗细集料组成,称为矿质混合料级配。不同级配的沥青混合料具有不同的物理力学性能,因而用途不同。级配主要分为连续级配和间断级配两类。连续级配中集料按粒径大小分级,由大至小逐级按一定的比例组合而成;间断级配则是将连续级配中某一级或几级去除,形成一种不连续的级配。

沥青混合料的强度由矿质集料之间的嵌挤力(内摩阻力)和沥青与集料之间的黏结力以及沥青的内聚力构成。根据级配类型差异和沥青混合料强度形成原理,沥青混合料可以划分为如图 1.1 所示的悬浮密实型级配(图 1.1(a))、骨架密实型级配(图 1.1(b))和骨架空隙型级配(图1.1(c))3 种。

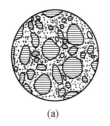
(a)
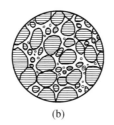
(b)
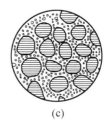
(c)

图 1.1　3 种典型级配示意图

1.2.3　沥青与沥青混合料路用性能的基本特点

沥青路面使用的沥青及沥青混合料的力学行为变化与差异依赖于工

艺温度与环境温度。在足够的高温条件下,沥青像通常的液体一样具有流动变形能力,因此能够与碎石、砂、矿粉等均匀地混合并裹覆在集料颗粒表面。混合得到的沥青混合料仍然具有足够的流动变形能力,经过摊铺碾压之后获得规范的几何形状。能够保证沥青及沥青混合料施工性能的特性称之为工艺特性或者施工和易性。保证施工和易性的温度范围称为施工温度,对于多数沥青路面材料来说,施工温度在 100 ℃ 以上。

在通常的自然环境和气候温度条件下,沥青混合料流动变形的能力逐渐由弹性变形替代,因而能够承受车轮荷载作用。在极端的低温条件下,沥青混合料的模量可以高达 30 000 MPa(− 30 ℃,10 Hz),同水泥混凝土的弹性模量接近。此时,沥青混合料完全丧失流动变形的能力,可能引起温度应力累积导致的低温开裂。为了防止低温开裂发生与发展,我们需要研究沥青与沥青混合料的低温抗开裂问题。

在大约接近 60 ℃ 的温度条件下,沥青与沥青混合料仍然具有比较显著的流动变形能力。此时,在车轮荷载作用下产生的变形可能不会完全回复,将导致车辙变形或者剪切引起的推移拥包。因此,在这样的温度条件下,沥青与沥青混合料必须具有足够的变形抵抗能力,通常称为沥青混合料的高温稳定性问题。

沥青路面在多数情况下工作于高温和低温之间的温度区域。此时沥青路面既具有一定的刚度,也具有一定的柔度,沥青路面在大量的重复荷载作用下容易产生疲劳破坏。相对于高温条件和极端低温条件,我们把沥青与沥青混合料易于发生疲劳破坏的温度区域称为中温区,并特别关注中温区内沥青与沥青混合料的疲劳性能。

沥青与沥青混合料的疲劳性能、高温稳定性和低温抗裂性是影响路用性能最主要的 3 个力学特性。自 1972 年在密歇根大学召开第一届沥青路面结构国际会议将其确定为沥青路面 3 个重要技术研究目标以来,这些力学特性得到了全世界道路技术员的广泛注意,并为此付出了巨大的努力。

1.2.4 沥青与沥青混合料的黏弹性力学行为

沥青与沥青混合料一般具有相当复杂的内部结构,尽管这些材料就微观结构而言并不存在像高聚物那样确定的造成延迟弹性的变形机理,但在一定的观测时间下,这些材料也表现出变形明显依赖于时间的力学行为。但在研究沥青与沥青混合料的黏弹性力学行为时,还必须注意沥青的材料结构与沥青混合料仍存在明显的差异。

沥青由多种化学成分极其复杂的碳氢化合物及其非金属元素的衍生物所组成,尽管其成分极其复杂,沥青仍然具有无定形结构物的基本特征。沥青混合料则由作为胶结料的道路石油沥青和砂、碎石、矿粉等矿质原料按照一定比例(必要时也包括纤维等其他填料)共同组成,它的力学特性既相似又有别于沥青和集料。

从宏观意义上讲,沥青是一种均质的黏弹性材料,沥青混合料是一种颗粒性的黏弹性材料。一般来说,所有的颗粒性材料在宏观上都具有这样3个特征:材料由许多颗粒组成;颗粒的自身强度远大于其联结强度;在外力作用下,颗粒间发生相互错位移动[14]。

由于这样的差别,与沥青黏弹性的研究方法不同,在研究沥青混合料时,必须注意以下问题:

沥青混合料的变形特性与破坏特性依赖于加荷方式,其中三轴试验、单轴压缩试验等加荷方式有利于发挥集料之间的嵌挤作用。迄今为止,沥青混合料力学特性研究的一个难题仍然是力学响应的第一象限(纯拉模式)与第三象限(纯压模式)的镜像映射不对称问题。

由于沥青材料的结构组成在宏观上可被认为是均质的,所以可以采用热力学、损伤力学、断裂力学等现代力学方法与手段研究沥青的力学行为。但沥青混合料的宏观材料结构组成就很复杂,沥青与矿料的表面物理化学作用使得其微观或者亚微观的结构组成更加复杂,这些经典的研究手段很难不加以经验性地处理而直接用于沥青混合料的力学行为研究。

尽管沥青与沥青混合料均具有类似的黏弹性力学行为,但沥青混合料仍具有颗粒材料的特点,其级配组成对于沥青混合料的黏弹性力学行为特征具有显著的影响。尽管一些研究人员或研究机构进行过许多努力[3],我们仍然不能根据作为胶结料的沥青性能准确地预测沥青混合料的力学行为。

对于道路领域的研究人员来说,沥青混合料与沥青不同,其加工成型的条件相当复杂。不同的加工条件不仅导致沥青混合料中体积特性的差异,而且会导致集料颗粒排列的显著不同[4]。

第 2 章　非牛顿流体

2.1　牛顿流体特性

2.1.1　稳定的剪切流动

牛顿流体又称为线性黏性流体。在牛顿流体受各向同性的压力时,它是处于平衡状态的。除此以外,当它受到任何其他的力时,都会失去平衡,发生流动。

稳定的简单剪切流动是最简单的流动方式。这种流动可看作是发生在处于两块平行板间的流动之一(图2.1)。如采用直角坐标系,在$y=0$处的流体是静止的,在$y=h$处的流体则以与上板相同的速度v_{max}在x方向上运动。

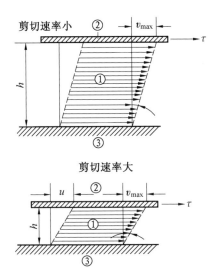

①—流体;②—运动的板,速度为v_{max};③—静止板

图 2.1　稳定的简单剪切流动

所谓简单的剪切流动即流体内任一坐标为 y 的流体运动的速度正比于其坐标 y：

$$v_y = \dot{\gamma} y \tag{2.1}$$

与上板接触的一层流体的速度正比于流体的高度：

$$v = \dot{\gamma} y$$

式中　$\dot{\gamma}$——常数，称为速度梯度：

$$\dot{\gamma} = v_y / y = v/h$$

由于 $v = u/t$（u 为位移，t 为时间）：

$$\dot{\gamma} = u/(ht) = \gamma/t$$

$\gamma = u/h$ 为剪切应变，因此 $\dot{\gamma}$ 也称为剪切速率，单位为 s^{-1}。

对于非简单流动，v 并非坐标 y 的线性函数，这时定义

$$\dot{\gamma} = \frac{dv}{dy} = \frac{d\gamma}{dt} \tag{2.2}$$

假定与固体接触的一层流体与该固体有相同的速度，即流体是黏附于固体表面的。大量实验证明，除了极异常的情况，这一边界条件是正确的。所以，在上面的讨论中，可认为在 $y = 0$ 处流体是静止的，而在 $y = h$ 处的流体速度则为 $v_{\max}$。

要保持流体做上述的剪切流动，必须施加应力以克服各层流体流动时的摩擦阻力。不同的流体流动阻力不同。线性黏性的理论认为，要保持稳定的流动，所需的应力与剪切速率成正比，即

$$\tau = \eta \dot{\gamma} \tag{2.3}$$

式中　η——常数，即黏度，是流体的性质，表示流体流动阻力的大小。

式（2.3）为牛顿定律表达式，是牛顿流体的定义式。实际流体大多为非牛顿流体，其黏度不是常数，而与 $\dot{\gamma}$ 有关，将在下节进行讨论。

黏度的量纲为 $ML^{-1}T^{-1}$。在 c.g.s 制中，黏度的单位为泊（P），由于一般液体的黏度较小，因此，常用泊的百分之一即厘泊（cP）作为黏度单位。水在 20 ℃ 时的黏度刚好为 1 cP。黏度的国际单位为 1 N·s/m²，用 Pa·s 表示，其千分之一记为 mPa·s，与厘泊相等。

除了 η，有时还用 η/ρ（ρ 为密度）作为黏度单位，称为动力学黏度。在 c.g.s 制中，动力学黏度的单位为 Stocks。

表 2.1 列出了各种低分子流体的黏度。

表 2.1　低分子流体的黏度　　　　　　　　　　　单位：cP

液体	0 ℃	10 ℃	20 ℃	30 ℃	40 ℃	50 ℃	60 ℃	70 ℃	100 ℃
丙酮	0.397	0.358	0.324	0.295	0.272	0.251	—	—	—
苯	—	0.757	0.647	0.560	0.491	0.435	0.389	0.350	—
乙醇	1.767	1.447	1.197	1.000	0.830	0.700	0.594	0.502	—
汞	1.681	1.661	1.552	1.499	1.450	1.407	1.367	1.327	1.232
蓖麻油	—	2 420	986	451	231	125	74	43	16.9
甘油(100%)	—	—	1 495	622	—	—	—	—	—
甘油(98%)	—	—	971	423	—	—	—	—	—
甘油(95%)	—	—	544	248	—	—	—	—	—
水	1.786	1.304	1.002	0.798	0.654	0.548	0.467	0.405	0.283
空气	0.017	—	0.018	—	0.020	—	—	—	—
氢	0.008 4	—	0.008 8	—	0.009 3	—	—	—	—

2.1.2　牛顿流体变形的特点

假定在流体试样上瞬间施加一个应力 τ_0，然后保持不变(图 2.2)，再在某时刻 t_1 移除应力，我们来分析牛顿流体变形的特点。

1. 变形的时间依赖性

在牛顿流体流动中，达到稳定态后，剪切速率不变，即

$$\dot{\gamma} = \tau/\eta = \mathrm{d}\gamma/\mathrm{d}t$$

如考虑变形，则

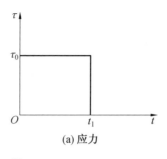

(a) 应力

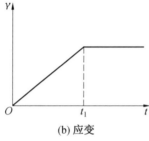

(b) 应变

图 2.2 牛顿流体变形

$$\gamma = \frac{\tau}{\eta} t$$

即流体的变形随时间不断发展,具有时间依赖性。

2. 流体变形的不可回复性

这是黏性变形的特点,其变形是永久性的,称为永久变形。如图 2.2 所示,当外力移除后,变形保持不变(完全不回复)。

3. 能量散失

外力对流体所做的功在流动中转为热能散失,这一点与弹性变形过程中贮能完全相反。

4. 正比性

牛顿流体流动中应力与应变速率成正比,黏度与变形速率无关。

2.2 非牛顿流体特性

2.2.1 基本特性

牛顿定律描述的是一种理想状态。除了较高温度范围内的道路石油沥青等材料和常温下的水、酒精等少数物质外,多数工程材料并不服从牛顿定律描述的剪应力与剪变率之间的简单线性比例关系。

具有流动变形特性但不能用牛顿定律描述的流体,一般称为非牛顿流体。非牛顿流体的流动形态多种多样,首先来看一下最基本的非牛顿流体形态。图2.3中给出了3种非牛顿流体的$\tau-\dot{\gamma}$曲线,作为比照,牛顿流体的$\tau-\dot{\gamma}$曲线如图2.3(a)所示。

图2.3(b)所示的$\tau-\dot{\gamma}$曲线代表了准黏性流体的流动变形特性。与牛顿流体不同,准黏性流体的流动变形曲线虽然也通过坐标原点,但其剪应力与剪变率之间不再具有牛顿流体那样的线性比例关系,$\tau-\dot{\gamma}$曲线可能向上弯曲或者向下弯曲,如果以指数方程经验地描述这种$\tau-\dot{\gamma}$曲线关系,则可记为

$$\dot{\gamma}=a\tau^m \tag{2.4}$$

式中 a,m—— 材料参数,可由试验确定。

类似地,如图2.3(c)所示的非牛顿流体通常称为宾汉流体或者理想塑性流体。这种流体具有所谓的"塑性",当剪应力τ小于某一应力水平τ_0时,材料不发生流动,当应力超过这一临界值τ_0后,材料将以与牛顿流体同样的$\tau-\dot{\gamma}$直线关系发生流动。临界值τ_0称为材料流动的门槛值,其$\tau-\dot{\gamma}$曲线关系可以记为

$$\dot{\gamma}=a(\tau-\tau_0) \tag{2.5}$$

图2.3(d)所示的$\tau-\dot{\gamma}$曲线关系事实上是准黏性流体与宾汉流体的组合,通常称之为伪塑性流体。伪塑性流体的$\tau-\dot{\gamma}$曲线关系可以简单地描述为

$$\dot{\gamma}=a(\tau-\tau_0)^m \tag{2.6}$$

也可以说,准黏性流体是伪塑性流体在$\tau_0=0$时的特例,宾汉流体则是伪塑性流体在$m=1$时的特例。显然,无论是准黏性流体、宾汉流体,还是伪塑性流体,代表其流动变形抵抗能力的$\tau-\dot{\gamma}$曲线形态已经改变,其比例关系不再是一个常数,当剪应力水平或者剪变率水平不同时,$\tau/\dot{\gamma}$的数值也将不同。

此时,牛顿定律中黏度的概念已经不再适用。在石油沥青材料学研究中,为了唯象地描述不同剪应力水平时的$\tau-\dot{\gamma}$比例关系和其所代表的黏

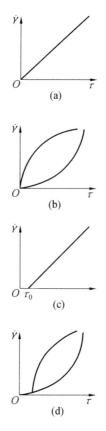

图 2.3 几种典型的非牛顿流体

性流动抵抗能力,可以将黏度的概念加以外延,称 $\tau - \dot{\gamma}$ 曲线上某一点处的切线斜率或割线斜率为该应力水平下的表观黏度。表观黏度依赖于剪应力水平,通常记为 $\eta(\tau) = \tau/\dot{\gamma}$。在工程试验中,为了描述简便,有时也称某一确定条件下测定得到的表观黏度为黏度,并简记为 η_a。

式(2.4)和式(2.6)中的指数 m 通常称为流动指数,在沥青材料研究领域中也称为复合流动度。流动指数 m 的大小代表了非牛顿流体偏离牛顿流动特性的样式和程度,当流动指数 $m=1$ 时材料为牛顿流体;当 $m>1$ 时,图2.3(d)中的流动曲线向上弯曲;当 $m<1$ 时,流动曲线则向下弯曲,其数值应在(0,1)区间内,m 值越接近于 0,其偏离牛顿流动的程度越远。

当在足够的剪应力水平或剪变率范围内测定非牛顿流体的流动特性时,材料的流动特性可能相当复杂。伦克[6]曾经指出,所有非牛顿流动特性都可以归结为如图 2.4 所示的综合流动曲线。

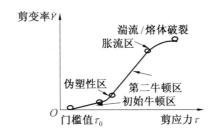

图 2.4　综合流动曲线

在这条综合流动曲线上,越过门槛值后,当剪应力或剪变率变大时,材料具有牛顿流体的流动特性,通常称之为初始牛顿区。随着剪应力增加,材料逐渐变为伪塑性流动。当剪应力继续增加时,流动曲线再次呈直线状,但其 $\tau > \dot{\gamma}$ 的斜率小于初始牛顿区,称此区域为第二牛顿区。剪应力继续增加,材料通过胀流区发生湍流或熔体破裂。

综合流动曲线不仅在形式上完整地描述了材料流动变形的全应力过程,更重要的是综合流动曲线在本质上揭示了流动变形过程中材料热物理性质和内部损伤的不同机理,能够更加准确地指导研究材料物性与结构的关系,从而科学地评价材料的流动变形特性。图 2.5 给出了一种道路石油沥青的实测流变曲线。

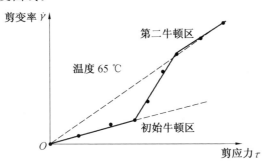

图 2.5　一种道路石油沥青的实测流变曲线

2.2.2　黏度的温度依赖性

众所周知,对于道路石油沥青这样的无定形材料,其黏性流动的本质是以大分子链或胶团为单位发生的整体移动。在一定的环境条件下,液体的分子或单体围绕各自的平衡点进行热振动,这使得分子或单体不仅需要容纳自身体积即固有体积的空间,也需要容纳热振动的自由体积空间。液体内大小接近分子或单位体积的空穴和不规则填充产生的微小空洞构成了自由体积。外力作用时,分子或单体进入这些空穴或空洞,同时形成新的空穴或空洞,构成宏观的流动现象。

分子或单体在外力作用下发生的流动具有取向性,热振动则表现为随机的无规则性,流动过程中分子或单体必须克服这种由彼此间摩擦产生的能量势垒取向移动,因此需要获得足够的能量。液体跨越势垒必需的能量称为活化能。在流动变形过程中,由于外力功被消耗于跨越势垒,当外力取消后变形无法回复,称为永久变形。

综上所述,活化能和自由体积的存在是液体流动变形的必要条件,而活化能与自由体积的大小多少取决于温度条件,从而使得道路石油沥青这类材料的流动变形特性依赖于温度条件,或者说,黏度是温度因素的函数。

1. 牛顿流体对于温度的依赖性

牛顿流动特性(黏度)对于温度的依赖性可以用 Andrade 方程描述,即

$$\eta = A e^{E/RT} \tag{2.7}$$

式中　　E——牛顿流体的活化能;

　　　　R——气体常数;

　　　　T——绝对温度;

　　　　A——材料常数。

Andrade 方程表明,黏度对于温度负相关,η 与 T 具有单对数坐标下的直线关系,温度越高液体的黏度越小,对于流动变形的抵抗性降低。

一些研究认为[7],活化能 E 也是温度的函数。温度越低活化能越大,温度升高则活化能减少。当温度超过一定数值(例如玻璃态转化温度)后,活化能成为恒定的常数。图 2.6 中给出了 5 种石油沥青在不同温度下的活化能测定结果。如图 2.6 所示,5 种沥青的活化能随温度升高而逐渐减小,并且趋向于恒定值。由于在较低温度范围内,活化能对于温度具有负的非线性相关关系,因此不能采用普通坐标或者单对数坐标上的直线方程描述黏度对于温度的依赖关系。

在沥青材料力学性能和工程性能的研究中,通常希望选择适当的坐标

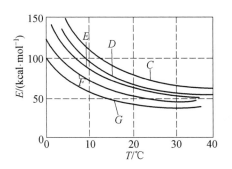

图 2.6　5 种沥青的活化能测定结果(1 cal = 4.186 85 J)

系,将沥青的黏度和温度处理成直线关系,并且采用直线的斜率来描述沥青材料的感温性。应该注意,依据 Andrade 方程和上述分析,选择适宜的坐标($1/T - \ln \eta$),其中最著名的是壳牌石油公司中央研究所提出的沥青全温度范围试验数据曲线 BTDC(Bitumen Test Data Chart)。当然,如果将针入度值作为一种工程黏度测定结果来处理,由于其测定温度范围仅为 5~30 ℃,多数研究将其处理成温度与针入度的直线关系。

2. 非牛顿流体对于温度的依赖性

对于非牛顿流体,其表观黏度 η_a 依赖于剪应力水平或剪变率,可以在剪应力水平一定或者剪变率一定的情况下开展讨论。

以下标 τ 代表剪应力一定时的情形,以下标 $\dot{\gamma}$ 代表剪变率一定的情形,Andrade 方程可以分别记为

$$\eta_a = A e^{E_\tau/RT} \quad (剪应力一定) \tag{2.8}$$

$$\eta_a = A e^{E_{\dot{\gamma}}/RT} \quad (剪变率一定) \tag{2.9}$$

由于

$$\frac{(\partial \eta_a/\partial T)_\tau}{(\partial \eta_a/\partial T)_{\dot{\gamma}}} = 1 - \dot{\gamma} \cdot \left(\frac{\partial \eta_a}{\partial \tau}\right)_T \quad ①$$

又根据

$$\left(\frac{\partial \eta_a}{\partial T}\right)_\tau = -\eta_a \frac{E_\tau}{RT}, \left(\frac{\partial \eta_a}{\partial T}\right)_{\dot{\gamma}} = -\eta_a \frac{E_{\dot{\gamma}}}{RT} \quad ②$$

由此得到两种状态下的活化能之比为

$$\frac{E_\tau}{E_{\dot{\gamma}}} = 1 - \dot{\gamma} \left(\frac{\partial \eta_a}{\partial \tau}\right)_T \tag{2.10}$$

为简便计,考虑准黏性流体的情形,有

$$\tau = K\dot{\gamma} \text{ 或 } \dot{\gamma} = \left(\frac{\tau}{K}\right)^{\frac{1}{n}} \quad (2.11)$$

此时，K,n 已经成为依赖于温度的变数，记为表观黏度

$$\eta_a = \frac{\tau}{\dot{\gamma}} = \frac{\tau}{(\tau/K)^{1/n}} = \tau^{\frac{n-1}{n}} K^{-\frac{1}{n}} \quad ③$$

对 n 微分 η_a，得到

$$\left(\frac{\partial \eta_a}{\partial \tau}\right)_T = \frac{n-1}{n\dot{\gamma}} \quad ④$$

代入式 ①，有

$$1 - \dot{\gamma}\left(\frac{\partial \eta_a}{\partial \tau}\right)_T = 1 - \dot{\gamma}\left(\frac{n-1}{n\dot{\gamma}}\right) = \frac{1}{n} \quad ⑤$$

$$\frac{E_\tau}{E_{\dot{\gamma}}} = \frac{1}{n} \quad \text{或} \quad \frac{E_{\dot{\gamma}}}{E_\tau} = n \quad (2.12)$$

从上面的结果可以看出，在牛顿流体状态下，$n=1$，剪应力一定和剪变率一定条件下的活化能相等。在非牛顿流动状态下，随着温度降低，n 趋近于零，剪应力一定状态下的活化能远远大于剪变率一定状态下的活化能，非牛顿流动特性变得更加显著。在"八五"国家科技攻关课题中，哈尔滨建筑大学（现为哈尔滨工业大学建筑学院）使用平板式黏度计测定得到 7 种代表性道路石油沥青低温条件下的复合流动度，其结果如图 2.7 所示。

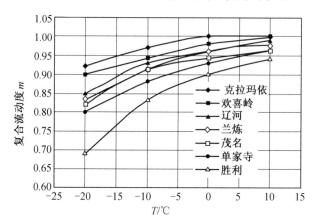

图 2.7 7 种沥青的复合流动度测定结果

2.2.3 触变性

1. 触变性与反触变性

(1) 触变性(Thixotropy)。

假塑性流体在剪切流动时,发生分子定向、伸展和解缠绕,黏度随剪切速率增大而降低,但当剪切流动停止或剪切速度减小时,分子定向等就立即丧失恢复至原来状态,这种流动特性称之为触变性。

如果连续地增大剪切速率,测定剪切应力τ,以τ对$\dot{\gamma}$作图,如图2.8(a)中的升高曲线Ⅰ。再使$\dot{\gamma}$连续下降,测得下降曲线Ⅱ,但下降曲线并不与Ⅰ重合。两条曲线之间的面积定义了触变性的大小,它具有能量的量纲。

触变性流体通常具有三向网络结构,称之为凝胶,由分子间氢键等作用力形成。由于这种键力很弱,当受剪切力作用时,它很容易断裂,凝胶逐渐受到破坏,这种破坏具有时间依赖性,最后会达到在给定剪切速率下的最低值,这时凝胶完全破坏,称为"溶胶"。当剪切力消失时,凝胶结构又会逐渐恢复,但恢复的速度比破坏的速度慢得多。触变性就是凝胶结构形成和破坏的能力。在图2.8(b)黏度曲线上Ⅰ点和Ⅱ点的$\dot{\gamma}$相同,但黏度不同,这是由于Ⅱ点处受应力的历史比Ⅰ点长,凝胶破坏的程度大,来不及恢复。从图2.8(c)的黏度-时间曲线能更清楚地看出黏度随剪切的时间下降达到最低值("溶胶"状态),静止后结构恢复,最后恢复到凝胶状态,但需要的时间长得多。图2.8(a)中流动曲线中的阴影面积正是单位面积中凝胶结构被破坏的外界所做的功。不同的触变性表现为黏度恢复的快慢,虽然完全恢复需要较长的时间,但初期恢复的比例常会在几秒或几分钟内达到30%~50%。

(2) 反触变性(流凝性)(Rheopexy)。

反触变性,这种流动特性与触变性刚好相反,即黏度随剪切时间的增长而增大,而在静止后,又逐渐恢复到原来的低黏度。这种过程可以无数次地重复。这种流动特性虽存在,但很少见。

2. 触变性的测定方法

触变性的测定方法主要有:滞后圈法、阶跃试验法和动态模量法。

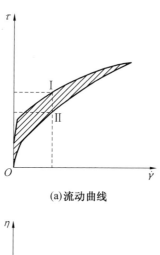

(a) 流动曲线

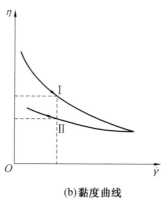

(b) 黏度曲线

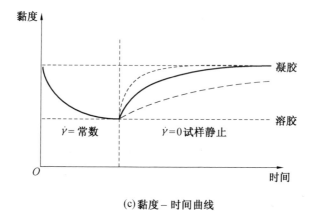

(c) 黏度-时间曲线

图 2.8 触变性示意图

(1) 滞后圈法。

滞后圈法通过连续地增大剪切速率,测定剪切力 τ,以 τ 对剪变率 $\dot{\gamma}$ 作图,如图 2.8(a) 的升高曲线 Ⅰ。再使 $\dot{\gamma}$ 连续下降,测得下降曲线 Ⅱ,由于结构恢复过程较慢,下降曲线 Ⅱ 和上升曲线 Ⅰ 并不重合。两条曲线之间的面积表示材料触变性的大小。滞后圈的面积越大触变性越大,结构恢复所需的时间越长;反之,滞后圈面积越小触变性越小,结构恢复所需的时间越短[9]。

(2) 阶跃试验法。

阶跃试验法可以克服滞后圈法无法分开时间、剪变率影响的缺陷。该方法对材料施加固定的剪变率,待材料达到稳定状态后,突然增加或降低剪变率,瞬间黏度的变化反映了材料内部微观结构的变化。阶跃试验法示意图如图 2.9 所示,通过研究剪变率突然增加时材料瞬间黏度的变化情况,研究材料抵抗荷载作用的能力;通过研究剪变率突然降低时材料瞬间黏度的变化,研究材料的愈合能力。

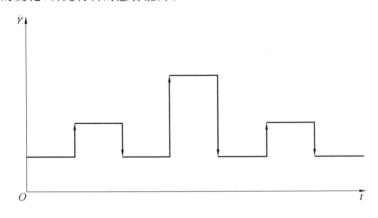

图 2.9 阶跃试验法示意图

图 2.10 为典型触变性材料阶跃试验响应图。曲线 ① 为剪变率变化前的黏度曲线,曲线 ② 为剪变率突然增加后黏度的变化曲线,曲线 ③ 为剪变率突然降低后黏度的变化曲线。当剪变率突然增加时,黏度由点 A 变化到点 B,随着内部结构的不断破坏,黏度进一步降低直到达到平衡;当剪变率突然降低时,黏度由点 A 降低到点 C,随着内部结构的恢复,黏度逐渐增加直到达到平衡。

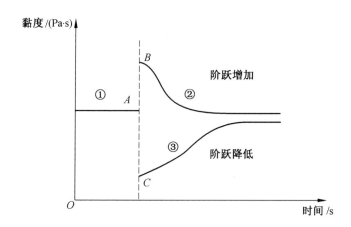

图 2.10 典型触变性材料阶跃试验响应图

(3) 动态模量法。

动态模量法首先采用较大的力对试件进行预剪切,使试件内部结构发生变化;然后采用较小的应力或应变测得试件在动态荷载下的响应,该应力或应变要足够小,不能影响材料内部结构的恢复;最后通过研究贮能模量的变化研究材料的触变性。之所以采用贮能模量研究触变性,是由于对于材料内部结构的恢复,贮能模量的变化较复数模量和损耗模量敏感[10]。

获得材料贮能模量的变化曲线后,可采用扩展指数函数式对其进行拟合:

$$G' = G'_0 + (G'_\infty - G'_0)(1 - \exp(-(t/c)^d)) \tag{2.13}$$

式中 G'——t 时刻的贮能模量,Pa;

G'_0——$t=0$ 时刻的贮能模量,Pa;

G'_∞——$t=\infty$ 时刻的贮能模量,Pa;

t——时间;

c——特征时间;

d——指数。

该方程为单参数结构动力方程,只能反映材料内部结构的恢复情况,无法反映材料内部结构的破坏过程。

2.2.4 其他性质

1. 剪切稀化

剪切稀化流体的表观黏度随剪切变形速度的增大而减小,变形速度越大,表观黏度越小,流动性越好。剪切稀化流体表观黏度的变化规律如图 2.11 所示。当变形速度较低和较高时,表观黏度接近于常数值。

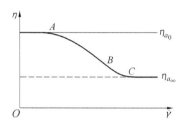

图 2.11 剪切稀化流体表观黏度的变化规律

剪切稀化流体包括含有长链分子结构的高聚物熔体和高聚物溶液,以及含有细长纤维或颗粒的悬浮液。由于长链分子或颗粒之间的物理化学作用,形成某种松散的结构,随着剪切流动的进行,结构渐被破坏,使表观黏度随应变速度的增大而减小。此外,非牛顿黏度的成因也是由于长链分子或颗粒本身的性质产生的。这种液体在静止时,长链分子细长纤维呈杂乱卷曲状态。随着流动的进行,它们沿流动方向排列起来,显然应变速度越大,定向排列越整齐,流动阻力就越小,其表观黏度也就越小。

当应变速度甚小时不足以破坏原有的结构,不能使卷曲的分子伸展和定向。此时黏度为常数,与应变速度无关。而当应变速度很大时,已经最大限度地使分子伸展和定向,此时再增大应变速度,表观黏度也不再变小了。这两种情况表现黏度均为常数 η_{a_0} 和 η_{a_∞},此时体现的是牛顿流体的性质。

图 2.11 的黏度曲线若画在对数坐标上,则大量实验资料证明线 AC 基本上是一条直线,因此表观黏度函数应为幂律形式:

$$\eta = k\dot{\gamma}^{n-1} \tag{2.14}$$

于是剪切稀化流体的本构关系可写成

$$\tau = \dot{\eta}\dot{\gamma} = k\dot{\gamma}^n \tag{2.15}$$

式中　　k——稠度系数,$N \cdot s^n/m^2$;

n—— 流动指数。

这里 n 和 k 是常数,对于剪切稀化流体 $n<1$。n 和 k 可以在对数坐标的 $\eta-\dot{\gamma}$ 或 $\tau-\dot{\gamma}$ 的实验曲线中求得。

式(2.15)在工程上得到了广泛的应用,它不仅适用于剪切稀化流体($n<1$),也适用于剪切稠化液体($n>1$),但是式(2.15)的缺点是 n 不是严格的常数,只是在中等变形速度的范围内才可认为是常数。但这对于工程使用无关紧要,因为实际工程中都处于中等变形速度的范围。此外,公式中 k 值没有明显的物理意义,而是有因次量,这从理论上看是个缺陷。

2. 爬杆现象 —— 威森堡效应(Weissenberg effect)

若将转杆在盛有非牛顿流体的容器中旋转,则液体将沿转杆上升。自由液面是内高外低,如图 2.12(a) 所示,这称为爬杆现象。但若容器中为牛顿流体,则由于离心力的作用,其自由液面呈内低外高,如图 2.12(b) 所示。1946 年威森堡首先演示了这一现象,因此爬杆现象也称为威森堡效应。

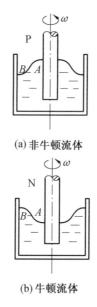

(a) 非牛顿流体

(b) 牛顿流体

图 2.12 威森堡效应

3. 轴向环流的同心效应

液体在两同心圆柱体之间的环形空间做轴向层流时,若介质为牛顿流体,则在环隙间同一断面上压差为零($P_A = P_B$);而对于非牛顿流体,其内壁上的压强略高于外壁。这一性质在工程上应用于液环输送时表现为同心效应。

在高黏液体输送中,例如输送常温下的原油,可以用非牛顿液环输送,即高黏液体位于管道中心,不直接与管壁接触,在管壁与高黏液体之间是低黏度的非牛顿液体,形成低黏度的非牛顿环,这样就在输运过程中大幅度减阻节能。但由于输送过程中高黏液体与低黏环间的容重差,使高黏液体上浮产生偏心,如图 2.13 所示。若使用非牛顿性低黏液体做液环(通常在水中加入少量高聚物形成水环),则可防止由于偏心使高黏液体上浮与管壁接触而使液环输送受到破坏。

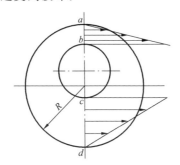

图 2.13　液环输送的偏心现象

4. 挤出膨胀现象(Jet swell)

黏度相当的牛顿液体和非牛顿液体分别从直径为 D 的细圆管流出时,可以看到牛顿液体形成射流收缩,而非牛顿液体的流速直径 D_e 比圆管内径要大,如图 2.14 所示,这种现象称为挤出膨胀。

对于多数非牛顿性液体,如高分子熔体和高分子溶液从管内流出时,一般 $D_e/D = 3 \sim 4$。聚苯乙烯在 $175 \sim 200$ ℃ 温度下较快挤出时,直径膨胀达 2.8 倍。在熔体纺丝过程和一些化工工艺过程中,挤出膨胀现象经常遇到。因此,在口模设计中,要充分注意这一现象。聚合物熔体从一根矩形截面的管口流出时,如果产品的界面要求是矩形的,口模形状就不能是矩形的,而必须是如图 2.15 所示的形状。挤出膨胀现象在塑料盒化纤聚合物加工工业中是不利因素,可能导致产品的变形扭曲,降低制品的稳定性。一般通过增加管长,提高长径比 L/D 降低出口膨胀效应。

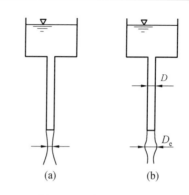

图 2.14 挤出膨胀现象

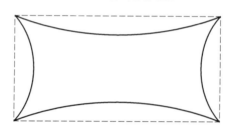

图 2.15 口模的形状

5. 孔压力误差

在工程上对于管流压强的测量是在管壁上开一个垂直小孔,然后将小孔与压力传感器或测压管连接,如图 2.16 所示。对于牛顿流体来说,只要测压孔足够小,作用在传感器上的压强 P_M 与无孔时作用在壁面上的压强 P_W 相等。但在非牛顿流体实验中,无论测压孔开得多么小,P_M 总小于 P_W,现用 P_H 表示压力误差,则

$$P_H = P_M - P_W \tag{2.16}$$

孔压力误差是什么原因产生的呢?因为在凹槽附近,流体发生弯曲,但法向应力差效应有使流体伸直的作用,于是产生背向凹槽的力,使凹置的压力传感器测得的液体内压力值小于平置时测得的值。

孔压力误差 1968 年才被人们认识,因此以前关于非牛顿流体的试验资料由于没有考虑孔压力误差而失去意义或需要重新计算。第一法向应力差对高分子物质的相对分子质量变化是非常敏感的,因此通过测定孔压力误差来确定第一法向应力差,进而精确测定相对分子质量是可能的。

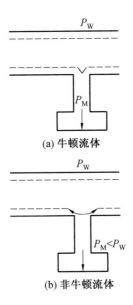

图 2.16 孔压力误差测量示意图

2.3 非牛顿流体流动曲线

由于非牛顿流体的 τ 和 $\dot{\gamma}$ 不存在线性关系，通常用曲线的形式来表示它们的流动性，如 $\tau(\dot{\gamma})$、$\eta(\dot{\gamma})$ 或它们的对数曲线。这些曲线可以由试验得到，统称为流动曲线。流动曲线是由材料的性质决定的，与测定的仪器特性无关。目前已根据经验提出了一些表示剪切应力与剪切速率之间关系的经验公式。

2.3.1 流动曲线的分析

图 2.17 为典型的假塑性非牛顿流体的流动曲线，在很宽的剪切速率范围内，可按流动特性把它分为如下 3 个区。

1. 第一牛顿区

在 $\dot{\gamma}$ 很低的范围内，τ 接近与 $\dot{\gamma}$ 成正比，即它遵循牛顿定律，在图 2.17(a) 中为通过原点的直线，这一范围称为第一牛顿区。在该范围内，黏度不随 $\dot{\gamma}$ 而变，该黏度称为零剪切黏度，用 η_{a_0} 表示，如图 2.17(b) 所示。在 $\dot{\gamma}$ 较低的范围内，流体分子链虽然受剪切速率的影响，分子链定向、伸展或

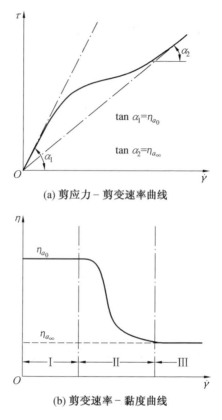

(a) 剪应力 - 剪变速率曲线

(b) 剪变速率 - 黏度曲线

图 2.17 假塑性非牛顿流体的流动曲线

缠绕,但在布朗运动的作用下,它仍有足够的时间恢复为无序状态,因此它的黏度不随 $\dot{\gamma}$ 的变化而变化。

2. 伪塑区或剪切稀化区

在这个 $\dot{\gamma}$ 的区间内非牛顿流体的黏度随 $\dot{\gamma}$ 的增大而降低。从分子的角度看,在该区内剪切作用已超过布朗运动的作用,分子链发生定向、伸展并发生缠绕的逐步解体,而且不能恢复。

3. 第二牛顿区

在更高的 $\dot{\gamma}$ 范围内,非牛顿流体的黏度不再随 $\dot{\gamma}$ 的增大而降低,而是保持恒定,在图 2.17(a) 中表现为通过原点的直线。这一黏度称为无穷剪切黏度,用 η_{a_∞} 表示。当 $\dot{\gamma}$ 达到一定值后,分子链的缠绕已完全解体,所以黏度不再下降。

流动曲线通常用双对数图表示,这时曲线形状如图 2.18 所示。在双对数图中,第一牛顿区为斜率为 1 的直线,假塑区为向下凹的曲线,而第二牛顿区也是斜率为 1 的直线。在第一牛顿区,斜率 n 为

$$n = \frac{\mathrm{dlg}\ \tau}{\mathrm{dlg}\ \dot\gamma} = \frac{\dot\gamma}{\tau} \cdot \frac{\mathrm{d}\tau}{\mathrm{d}\dot\gamma} = \eta_0^{-1}\eta_0 = 1$$

在双对数图中,任意一点的黏度为斜率为 1 的通过该点的直线与 $\lg \dot\gamma = 0$ 直线的交点处纵坐标的值,如图 2.18 所示。

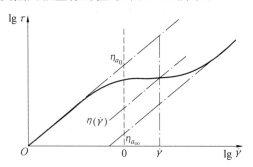

图 2.18　流动曲线双对数图

在假塑性区,斜率 $n < 1$,在第一牛顿区和第二牛顿区,$n = 1$。

应该指出,要得到从 η_{a_0} 到 η_{a_∞} 的完整的流动曲线是有困难的,特别是在高剪切区,流体流动会产生异常情况,流体有可能产生破裂,还有流体的温度会由于高剪切流动而升高,所以文献中的流动曲线往往只是整个流动曲线的一部分。

2.3.2　幂律公式

非牛顿流体的流动性状通常用流动曲线 $\tau(\dot\gamma)$, $\eta(\dot\gamma)$ 等来表示,试验数据也可以用经验式来表示,其中最重要的是幂律公式,即

$$\tau = K\dot\gamma^n \tag{2.17}$$

或

$$\lg \tau = \lg K + n\lg \dot\gamma$$

n 有时称为非牛顿指数,且

$$n = \frac{\mathrm{dlg}\ K}{\mathrm{dlg}\ \dot\gamma} \tag{2.18}$$

对牛顿流体,$n = 1$,$K = \eta$。

由式(2.17)得

$$\eta = \frac{\tau}{\dot\gamma} = K\dot\gamma^{n-1} \tag{2.19}$$

$$\frac{\mathrm{d}\eta}{\mathrm{d}\dot\gamma} = K(n-1)\dot\gamma^{n-2} \tag{2.20}$$

因此：

当 $n=1$ 时，$\frac{\mathrm{d}\eta}{\mathrm{d}\dot\gamma}=0$，为牛顿流体；

当 $n<1$ 时，$\frac{\mathrm{d}\eta}{\mathrm{d}\dot\gamma}<0$，为假塑性非牛顿流体；

当 $n>1$ 时，$\frac{\mathrm{d}\eta}{\mathrm{d}\dot\gamma}>0$，为膨胀性非牛顿流体。

2.3.3 宾汉姆(Bingham)塑性体

某些流体(大多为分散体系)在静止时形成分子间或粒子间的网络(极性键间的吸引力、分子间力、氢键等)。这些键力的作用是使它们在受较低应力时像固体一样，只发生弹性变形而不流动。只有当外力超过某一临界值 τ_y(称之为屈服应力)时，它才发生流动，这时网络被破坏，固体变为液体，这种流变特性称为塑性。

最简单的塑性行为是宾汉姆塑性，如图 2.19 所示。它可以定义为

$$\begin{cases} \dot\gamma=0, \tau=G\gamma(\gamma=J\sigma), \tau<\tau_y \\ \dot\gamma=(\tau-\tau_y)/\eta_P, \tau>\tau_y \end{cases} \tag{2.21}$$

式中　τ_y——屈服应力。

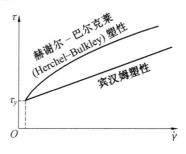

图 2.19　塑性行为

在 $\tau<\tau_y$ 时，宾汉姆塑性材料表现为线性弹性体，只发生变形 γ，服从胡克定律；当 $\tau>\tau_y$ 时，它变为液体，发生流动，其黏度称之为塑性黏度，以

η_P 表示,很显然

$$\eta_\mathrm{P} = \frac{\tau - \tau_y}{\dot{\gamma}} \tag{2.22}$$

或
$$\eta = \eta_\mathrm{P} + \frac{\tau_y}{\dot{\gamma}}$$

较复杂的塑性行为比如:

Herchel-Bulkley

$$\tau - \tau_y = K\dot{\gamma}^n \tag{2.23}$$

Casson

$$\tau^n = \tau_y + (\eta_\mathrm{P}\dot{\gamma})^n \tag{2.24}$$

2.4 流动曲线的测定

前面已经知道,无论是牛顿流体还是非牛顿流体,流体的黏度均表现为剪应力和剪变率在层流状态下的相互依赖关系。记剪变率 $\dot{\gamma}$ 为剪应力 τ 的函数,$\dot{\gamma}=f(\tau)$,并将 $\dot{\gamma}-\tau$ 曲线称为液体的流动变形曲线,测定材料流动变形的实验研究目的,就是得到材料的流动变形曲线。根据流动变形曲线,就可以详细研究在必须考虑的应力范围内,材料将表现出如何的黏性流动变形行为,从而掌握材料的流动特性。

根据层流假定,测定液体的流动变形曲线时通常采用剪切方式,以外部力和剪切变形速度作为测量的基本物理量,根据不同的测试仪器结构特点计算出剪应力和剪变率来完成实验。由于多数工程材料并不具备牛顿流体的特点,而表现出非牛顿流动特性,测定材料流动变形曲线的仪器不仅要适用于牛顿流体,也要适用于非牛顿流体。

现代的黏度测定仪器种类繁多,下面将讨论不同测试技术的测黏原理与黏度计算方法。

2.4.1 旋转式黏度计

库埃特(Couette)流动发生在两个同心的圆筒间,在外圆筒和内圆筒之间环形部分内流体中的任一质点仅围绕着内外筒的轴以某一角速度做圆周运动,没有轴向和径向的流动。同心圆式双筒旋转黏度计的流动就是

库埃特流动。

图 2.20 给出了同心圆式双筒旋转黏度计的结构原理,这是应用最广泛的一种旋转式黏度计。如图 2.20 所示,同心圆式双筒旋转黏度计由半径分别为 R_1,R_2 的内筒与外筒组成。在两筒之间装入要进行测量的液体,固定内筒并以一定的角速度 ω 旋转外筒,可以利用测力元件测得相应于角速度 ω 的扭矩 T。根据这些测定得到的物理量和仪器常数,就可以计算得到被测试样的流动变形曲线。

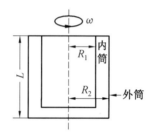

图 2.20　同心圆式双筒旋转黏度计的结构原理

为了推导用于计算剪应力和剪变率的基本方程,一般采用若干假定来简化计算模式。对于同心圆式双筒旋转黏度计,通常采用如下的假定:

(1) 被测液体的体积是不可压缩的;

(2) 液体以层流方式运动;

(3) 在垂直于旋转轴的水平平面上,流动的路径为圆,因此,速度仅作为半径的函数,而径向与轴向的流动等于零;

(4) 运动是稳定的,因此连续方程和运动方程中的时间导数为零;

(5) 桶壁与液体直接接触,运动时无相对滑移;

(6) 忽略不计试桶底的端部效应,试桶无限长;

(7) 测定过程中温度是恒定的。

为了保证假定(2)成立,试样的雷诺数 Re 不宜超过 1 900,在同心圆式双筒旋转黏度计中,雷诺数可以按照下式计算:

$$Re = \frac{(R_2 - R_1) \cdot R_1 \cdot \omega \cdot \rho}{\eta} \qquad (2.25)$$

式中　R_1,R_2——内、外筒直径;

　　　ω——角速度;

　　　ρ——试样密度;

η——黏度。

假定(3)事实上忽略了离心力的影响,当角速度 ω 较大时,离心力的影响将是不可忽视的。

依据上述假定,下面可以进行基本方程的推导。现在来考虑如图 2.21 所示的微小单元的平衡。

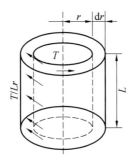

图 2.21　同心圆式双筒旋转黏度计中微小单元的平衡

长为 L 的微小单元取为距转动轴心 r,厚 dr,具有单位长度的圆筒状薄壳。在稳定流状态下,为了平衡力矩 T,全表面上均匀分布着切向力 T/Lr。因此,单位面积上的剪应力为

$$\tau = \frac{T}{2\pi r^2 L} \qquad ⑥$$

由于这一剪应力 τ 的作用,薄壳中的各曲面将对于邻接曲面发生相对转动,对应于角速度 ω 的增量,$r+dr$ 面上的速度梯度可以记为

$$\frac{dv}{dr} = r\frac{d\omega}{dr} \qquad ⑦$$

由式 ⑥,得

$$r\frac{d\omega}{dr} = f(\tau) = f\left(\frac{T}{2\pi r^2 L}\right) \qquad ⑧$$

对 r 微分式 ⑥,整理后可得

$$\frac{d\tau}{dr} = \frac{2\tau}{r} \qquad ⑨$$

因此

$$\frac{dr}{r} = \frac{d\tau}{2\tau} \qquad ⑩$$

代入式 ⑧,可以得到

$$\mathrm{d}\omega = -\frac{1}{2}\frac{f(\tau)}{\tau}\mathrm{d}\tau \qquad \text{⑪}$$

在同心圆式双筒旋转黏度计中,内筒外壁处角速度 $\omega=0$,剪应力 $\tau_1 = \frac{T}{2\pi R_1^2 L}$;外筒内壁处测定角速度 $\omega=\Omega$,剪应力 $\tau_2=\frac{T}{2\pi R_2^2 L}$。在这一边界条件下积分式 ⑪,可以得到

$$\omega = -\frac{1}{2}\int_{\tau_1}^{\tau_2} f(\tau)/\tau \cdot \mathrm{d}\tau \qquad (2.26)$$

利用式(2.26),即可以根据试样的流动特性,确定对应的流动曲线的 $f(\tau)-\tau$ 关系。

1. 牛顿流体

对于牛顿流体,$f(\tau)=\tau/\eta$,代入式(2.26)并积分,得到

$$\omega = \frac{T}{4\pi\eta L}\left(\frac{1}{R_1^2}-\frac{1}{R_2^2}\right) \qquad \text{⑫}$$

设 K 为仪器常数,且

$$K = \frac{1}{4\pi L}\left(\frac{1}{R_1^2}-\frac{1}{R_2^2}\right) \qquad \text{⑬}$$

则

$$\omega = \frac{TK}{\eta} \qquad \text{⑭}$$

从而

$$\eta = \frac{TK}{\omega} \qquad (2.27)$$

2. 非牛顿液体($f(\tau)$ 表达式已知的情形)

设 $\dot{\gamma}=f(\tau)$,可描述为指数形式

$$\tau = \eta_N \dot{\gamma}^n \qquad \text{⑮}$$

代入积分式(2.26)中并积分,得到

$$\omega = \frac{a}{2N}\left(\frac{T}{2\pi R_1^2 L}\right)^N \frac{R_2^{2N}-R_1^{2N}}{R_2^{2N}} \qquad (2.28)$$

对于若干组实际测定的 $\omega-T$,可以利用统计的方法求出系数 a,N,从而确定 $f(\tau)$ 表达式。

3. 非牛顿液体($f(\tau)$ 表达式未知的情形)

下面来考虑 $f(\tau)$ 表达式未知时的积分式,可以设

$$\frac{R_2^2}{R_1^2} = \frac{\tau_1}{\tau_2} = a^2 \qquad ⑯$$

利用式 ⑯，令 $\tau_1 = a^2 \tau_2$，则积分式(2.26) 可以记为

$$\omega = -\frac{1}{2}\int_{a^2\tau_2}^{\tau_2} \frac{f(\tau)}{\tau} d\tau \qquad ⑰$$

为了得到 $f(\tau)$，暂先定义一个函数 φ_a，即

$$\varphi_a = \frac{4\pi R_1^2 R_2^2 L\omega}{T(R_2^2 - R_1^2)} = \frac{2\omega}{\tau_2(a^2-1)} \qquad ⑱$$

因此，角速度 ω 可表示为

$$\omega = \frac{1}{2}\tau_2 \varphi_a (a^2 - 1) \qquad ⑲$$

对式 ⑲ 参变量 a 微分，有

$$\left(\frac{d\omega}{da}\right)_{\tau_2} = a\tau_2 \varphi_a + \frac{1}{2}\tau_2(a^2-1)\left(\frac{d\varphi_a}{da}\right)_{\tau_2} \qquad ⑳$$

式中　τ_2 —— 括号中的导数是与 τ_2 有关的表达式。

同样，对式 ⑰ a 微分，有

$$\left(\frac{d\omega}{da}\right)_{\tau_2} = \frac{1}{a}f(a^2 \tau_2) \qquad ㉑$$

由于 $a^2\tau_2 = \tau_1$，式 ㉑ 可以记为

$$f(\tau_1) = a\left(\frac{d\omega}{da}\right)\tau_2 \qquad ㉒$$

将式 ⑳ 代入式 ㉒，有

$$f(\tau) = a\left(a\tau_2 \varphi_a + \frac{1}{2}\tau_2(a^2-1)\left(\frac{d\varphi_a}{da}\right)_{\tau_2}\right)$$

再一次用 τ_1 代替 $a^2 \tau_2$，上式为

$$\frac{f(\tau_1)}{\tau_1} = \varphi_a + \frac{a^2-1}{2a}\left(\frac{d\varphi_a}{da}\right)_{\tau_2} \qquad ㉓$$

对于式 ㉓ 右边第 2 项，可以利用对数变换分离出因子 φ_a。这些对数变换是

$$\frac{2a \cdot da}{a^2-1} = d\ln(a^2-1) \qquad ㉔$$

$$d\varphi_a = \varphi_a \cdot d\ln \varphi_a \qquad ㉕$$

因此，式 ㉓ 为

$$\frac{f(\tau_1)}{\tau_1} = \varphi_a \left(1 + \left(\frac{\mathrm{d}\ln \varphi_a}{\mathrm{d}\ln(a^2-1)}\right)_{\tau_2}\right) \qquad ㉖$$

令

$$\Delta(\tau) = \left(\frac{\mathrm{d}\ln \varphi_a}{\mathrm{d}\ln(a^2-1)}\right)_{\tau_2} \qquad ㉗$$

最后有

$$\frac{f(\tau_1)}{\tau_1} = \varphi_a(1 + \Delta(\tau)) \qquad (2.29)$$

在式(2.29)中，φ_a 相当于牛顿流体的流动率；$\Delta(\tau)$ 为材料非牛顿性质引起的流动率改变量。

在利用同心圆式双筒旋转黏度计进行试验测定时，可以在扭矩 T 不变的条件下得到外筒内壁处稳定的剪应力 τ_2。更换不同半径的内筒来变化半径比 a，并同时改变角速度 ω，可以得到不同的依赖于半径比 a 和剪切速度 ω（角速度）的 φ_a 值。将 φ_a 与相应的 a^2-1 绘在双对数坐标系上，即可得到表示材料非牛顿特性的参变量 $\Delta(\tau)$，从而得到 $f(\tau)$ 的一般描述。

上述方法虽然比较严密，但测定时需多次更换内筒，因此不便使用。为简便计，通常固定一个外筒，使用 1 个或 2 个内筒进行测定，并按下式近似求得 $f(\tau)-\tau$ 关系。

（1）双内筒法。

设两个内筒的半径分别为 r_a 与 r_b，各自的半径比分别为 r_{a_1} 与 r_{b_1}。以相同扭矩测得内筒的表现流动率分别为 φ_a 与 φ_b，利用差分方法，可以近似得到

$$\Delta(\tau) = \left(\frac{\log(\varphi_b/\varphi_a)}{\log((r_{b_1}^2-1)/(r_{a_1}^2-1))}\right)_T \qquad ㉘$$

令

$$\varphi_a = \frac{1}{2}(\varphi_a + \varphi_b) \qquad ㉙$$

$$r_m = \frac{1}{2}(r_{a_1} + r_{b_1}) \qquad ㉚$$

$$\tau = r_m^2 \tau_2 \qquad ㉛$$

最后有

$$\frac{f(\tau)}{\tau} = \varphi_a \left(1 + \left(\frac{(\log(\varphi_a/\varphi_b))}{\log((r_{b_1}^2-1)/(r_{a_1}^2-1))}\right)_T\right) \quad (2.30)$$

(2) 单内筒法。

对于仅使用一个内筒的情形,近似地有

$$\frac{f(\tau)}{\tau} = \varphi_a \left(1 + K_1 \frac{\mathrm{dlog}\ \varphi_a}{\mathrm{dlog}\ \tau} + K_2 \left(\frac{\mathrm{dlog}\ \varphi_a}{\mathrm{dlog}\ \tau}\right)^2\right) \quad (2.31)$$

因此

$$\Delta(\tau) = K_1 \frac{\mathrm{dlog}\ \varphi_a}{\mathrm{dlog}\ \tau} + K_2 \left(\frac{\mathrm{dlog}\ \varphi_a}{\mathrm{dlog}\ \tau}\right)^2 \quad (2.32)$$

其中

$$K_1 = \frac{a^2-1}{2a^2}\left(1 + \frac{2}{3}\log a\right) \quad ㉜$$

$$K_2 = \frac{a^2-1}{6a^2}\log a \quad ㉝$$

利用式(2.31)、式 ㉝ 即可求出 $f(\tau) - \tau$ 的曲线关系。

尽管双筒法或单内筒法已经大大地简化了测定和计算过程,但应用起来仍有不便。有时为简便计,采用固定剪应力或剪变率的方式,量测作为响应的剪变率或剪应力。对于每一组 $\tau,\dot{\gamma}$ 测定值按牛顿流体计算该状态下的表观黏度,从而得到表观黏度对于 τ 或 $\dot{\gamma}$ 的依赖关系。

2.4.2 圆管中流体的黏度测量

测定流体通过一根细管流动的流量来确定流体的黏度是常用的方法。圆管中的稳定流动也称为泊肃叶流动(Poiseuille flow),假定流动是稳定的层流,即流体内每个质点的流动速度不随时间变化。

流体在稳定圆管中的流动特性如图 2.22 所示,计算时采用的基本假定与库埃特流动相同。这里采用柱坐标(r,θ,z),而不用直角坐标,定义 z 轴与圆管的轴线一致,管径为 R。

流体仅沿 z 轴方向流动,v_z 是质点离圆管中心轴的径向距离 r 的函数,即 $v_z = v_z(r)$。与圆管壁接触流体层是静止的,当 $r = R$ 时,有 $v_z = 0$。

可将圆管中的层流视为许多同心圆柱层的流动。设圆管长度为 l,半径为 r 的柱体层流体,受到圆管两端面的外加压力差 ΔP,作用压力为 $\Delta P\pi r^2$。此柱体表面的外层流体对其黏性阻力等于剪切应力 τ_{rz} 乘以柱体

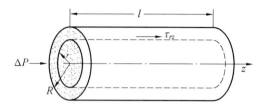

(a) 圆管中层流分析

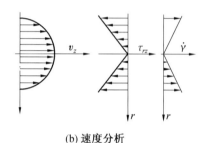

(b) 速度分析

图 2.22　稳定圆管中的流动特性

表面积 $2\pi rl$,即

$$2\pi rl\tau_{rz} = \Delta P\pi r^2 \qquad ㉞$$

得

$$\tau_{rz} = \frac{\Delta P\pi r^2}{2\pi rl} = \frac{\Delta Pr}{2l} \qquad (2.33)$$

式(2.33)表明,流体内的剪应力 τ_{rz} 与距离 r 和压力梯度 $\Delta P/l$ 成正比,在轴心处剪应力 $\tau_{rz}=0$,在管壁处剪应力最大,即

$$\tau_m = \frac{\Delta P \cdot R}{2l} \qquad (2.34)$$

为了得到流动变形曲线,还必须确定剪变率在管内的分布。剪变率也随半径变化,其变化形式取决于速度的分布,对于不同的流体,速度分布也将有所不同。

对于牛顿流体在圆管中层流展开,可获得速度分布方程。用关系式

$$\dot{\gamma} = \frac{dv_z}{dr} = \frac{\tau}{\eta} = \frac{\Delta Pr}{2l\eta} \qquad ㉟$$

积分,并代入边界条件 $r=R, v_z=0$,有

$$v_z(r) = \frac{\Delta P}{4\eta l}(R^2 - r^2) \qquad (2.35)$$

圆管中流动的流速分布为二次曲线函数。速度梯度即剪切速率是 r 的线性函数,在圆管的轴心处 v_z 具有最大值,剪切应力为 0,剪切速率为 0;在管壁处则相反,v_z 为 0,剪切应力和剪切速率具有最大值。

通过从 r 到 $r+\mathrm{d}r$ 的圆环柱体的体积流量为

$$\mathrm{d}qv = v_z 2\pi r \mathrm{d}r \qquad ㊱$$

整个圆管截面的流量,可积分为

$$Q = \int_0^R \mathrm{d}qv = \int_0^R \frac{\Delta P}{4\eta l}(R^2 - r^2) 2\pi r \mathrm{d}r = \frac{\pi R^4 \Delta P}{8\eta l} \qquad (2.36)$$

此式也称为哈根－泊肃叶(Hagen-Poiseuille)方程,可写为

$$\eta = \frac{\pi R^4 \Delta P}{8 l Q} \qquad (2.37)$$

可以算出,在 $r = R$ 管壁上

$$\dot{\gamma} = \frac{4Q}{\pi R^3} \qquad ㊲$$

对于牛顿流体,有 $f(\tau) = \dfrac{\tau}{\eta} = \tau \Phi$,利用式(2.37),则流动度为

$$\Phi = \frac{8lQ}{\pi R^4 \Delta P} \qquad (2.38)$$

对于非牛顿流体,根据测定得到的 Q 和 ΔP,定义毛细管测黏时的表观流动度为

$$\Phi_a = \frac{8lQ}{\pi R^4 \Delta P} \qquad (2.39)$$

也可以这样推导出式(2.39),定义 $\dot{\gamma} = \dfrac{\mathrm{d}v_z}{\mathrm{d}r} = f(\tau) = f\left(\dfrac{\Delta P r}{2l}\right)$,则

$$Q = \int_0^R \mathrm{d}qv = \int_0^R \pi r^2 f(\tau) \mathrm{d}r = \frac{8\pi l^3}{\Delta P^3} \int_0^{\tau_m} \tau^2 f(\tau) \mathrm{d}\tau \qquad ㊳$$

将 $f(\tau) = \dfrac{\tau}{\eta} = \tau \Phi$ 代入上式,经积分后即可推导出式(2.38)。

变换应力差 ΔP 并测定相应的流量 Q,在对数坐标上点绘得到的直线斜率即为 $\Delta\tau$,从而可以求得任意非牛顿流体的流动变形曲线 $\tau - f(\tau)$。

2.4.3 动态剪切流变仪

动态剪切流变仪是目前最常用的流体黏度测量仪器,通过测量上下板

间流体的扭转流动导致流体的黏度。可根据材料种类和实验目的方法,选择不同的夹具,其中平行板和锥平板是最常用的两种夹具。

1. 平行圆板中的扭转流动(Torsional flow)

扭转流动发生在两个平行的圆板之间,如图 2.23 所示。圆板的半径为 R,两圆板之间的距离为 h,上圆板以角速度 Ω 旋转,施加的扭矩为 M,下圆板固定。

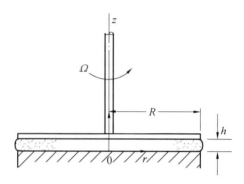

(a) 平行圆板间层流分析

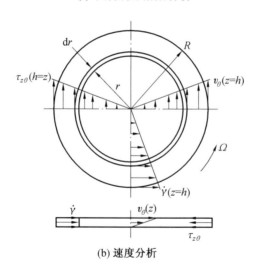

(b) 速度分析

图 2.23 平行圆板中的扭转运动

对扭矩流动采用柱面坐标进行分析,z 向为旋转的转轴。剪切应力分量 $\tau_{z\theta}$ 作用在垂直于 z 轴的盘平面上,θ 方向是圆周的切线方向,在扭转流动中,只有圆周方向 θ 的流动,即

$$v_\theta \neq 0, \quad v_z = v_r = 0 \tag{39}$$

周向速度 v_θ 随 z 坐标而变化，因此剪切速率为

$$\dot{\gamma} = \frac{\mathrm{d}v_\theta}{\mathrm{d}z} = \frac{r\mathrm{d}\omega}{\mathrm{d}z} \tag{40}$$

式中 $\mathrm{d}\omega$—— 角速度，是 z 坐标的线性函数，与向径 r 无关。

当 $z=0$ 时，$\omega=0$；当 $z=h$ 时，$\omega=\Omega$。扭转流动中的剪切速率为

$$\dot{\gamma} = r\frac{\Omega}{h} \tag{2.40}$$

在 $z=h$ 面上，$\dot{\gamma}$ 为 r 的线性函数。角速度可用下式确定，即

$$\mathrm{d}\omega = \frac{\Omega}{h}\mathrm{d}z \tag{41}$$

$$\omega = \frac{\Omega}{h}z \tag{2.41}$$

即 ω 为 z 坐标的线性函数，但与 r 坐标无关。

用牛顿定律分析扭转流动中 M 与 Ω 的关系，剪应力

$$\tau_{z\theta} = \eta\dot{\gamma} = \eta\frac{r\Omega}{h} \tag{42}$$

即剪应力也是向径 r 的函数，它与 z 坐标无关。在圆盘上取从 r 到 $r+\mathrm{d}r$ 的圆环，其剪切力和扭矩微量为

$$\mathrm{d}F = \tau_{z\theta}2\pi r\mathrm{d}r \tag{43}$$

$$\mathrm{d}M(r) = r\mathrm{d}F = \tau_{z\theta}2\pi r^2\mathrm{d}r = \frac{2\pi\eta\Omega}{h}r^3\mathrm{d}r \tag{44}$$

积分后得

$$M = \frac{\pi R^4\eta\Omega}{2h} \tag{2.42}$$

$$\eta = \frac{2Mh}{\pi R^4\Omega} \tag{2.43}$$

式(2.43) 为用扭转流动测定黏度的基本公式。

2. 圆锥 — 平圆板内的扭转流动

圆锥—平圆板内的扭转流动，即锥板流动发生在一个圆锥体与一个平圆板之间，圆锥与平圆板之间的夹角 α 很小，一般小于 4°。通常圆锥体以角速度 Ω 旋转，它的转轴与圆盘垂直，也是圆锥体的旋转轴，且锥顶与盘面接触。

如图 2.24 所示,对锥板流动采用球面坐标 (r,θ,φ) 进行分析。在锥板隙间的流体,剪切圆锥面具有锥角 θ,对流动方向有与圆锥面相切的角速度 ω,它是 θ 坐标的函数。

在圆锥体表面:$\theta = \dfrac{\pi}{2} - \alpha, \omega = \Omega$

在平圆板表面:$\theta = \dfrac{\pi}{2}, \omega = 0$

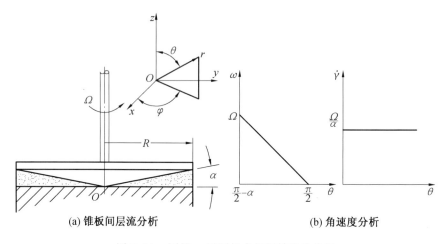

(a) 锥板间层流分析　　　　　(b) 角速度分析

图 2.24　圆锥－平圆板内的扭转流动分析

锥板流动中剪切速率定义为

$$\dot{\gamma} = \frac{\mathrm{d}\omega}{\mathrm{d}\theta} \qquad \text{㊺}$$

当 α 较大时,应力与剪切速率的关系比较复杂。当 $\alpha < 4°$ 时,可近似地把锥板之间的流动认为是稳定的简单剪切流动,$\dot{\gamma}$ 是常数,即 $\dot{\gamma} = \Omega/\alpha$。

代入式 ㊺,积分得

$$\omega = \frac{\Omega}{\alpha}\left(\frac{\pi}{2} - \theta\right) \qquad \text{㊻}$$

根据牛顿定律,锥板流动的剪切应力在锥面 θ 上的切向,应为

$$\tau_{\theta\varphi} = \eta\dot{\gamma} = \eta\frac{\Omega}{\alpha}$$

转矩是向径 r 的函数,从 r 到 $r + \mathrm{d}r$ 的圆环锥上的剪切力

$$\mathrm{d}F = \tau_{\theta\varphi} 2\pi r \mathrm{d}r$$

$$\mathrm{d}M(r) = r\mathrm{d}F = \tau_{\theta\varphi} 2\pi r^2 \mathrm{d}r = \frac{\eta \Omega}{\alpha} 2\pi r^2 \mathrm{d}r$$

积分后得转矩

$$M = \frac{2\pi R^3 \eta \Omega}{3\alpha} \tag{2.44}$$

$$\eta = \frac{3M\alpha}{2\pi R^3 \Omega} \tag{2.45}$$

$$\tau_{\theta\varphi} = \frac{3M}{2\pi R^3} \tag{2.46}$$

第3章 线性黏弹性

实际上,在一般情况下,沥青材料的性状并不能用弹性或者黏性的模式来表示。首先,沥青材料在应力作用下,可能同时表现出弹性和黏性;其次,沥青材料在一般情况下,在恒定应力作用下,应变是随时间而变化的,即应变的时间依赖性(或在应变一定时,应力随时间而变化,即应力的时间依赖性 Time-dependent)。因此,对一般情况下的沥青材料,需要用另外一种模式来表示,即黏弹性(Viscoelasticity)。在应力较小时,表现出线性黏弹性,应力较大时表现为非线性黏弹性。本章讨论线性黏弹性。

3.1 线性黏弹性的基本概念

黏弹性可以用测定形变的时间依赖性的实验来说明。下面以拉伸变形为例说明,当然也可以用各向同性的压缩或剪切来说明。在沥青材料的黏弹性性状中,应变是随时间而变化的,用 $\varepsilon(t)$ 表示,称之为应变史(Strain history)。应力也可以不是恒定的,而是随时间而变的,用 $\sigma(t)$ 表示,称之为应力史(Stress history)。

3.1.1 蠕变实验

在不同的材料上瞬时地加上一个应力,然后保持恒定(图 3.1(a)),即
$$\sigma(t)=0, t\leqslant 0$$
$$\sigma(t)=\sigma_0, t\geqslant 0$$
各种材料有不同的响应,如图 3.1 所示。

对线性弹性体,弹性应变是瞬时发生的,不随时间而变(图 3.1(b)),即
$$\varepsilon(t)=0, t\leqslant 0$$
$$\varepsilon(t)=D\sigma_0, t\geqslant 0 \tag{3.1}$$

对线性黏性流体(图 3.1(c)),有
$$\varepsilon(t)=0, t\leqslant 0$$

$$\varepsilon(t)=\sigma_0 t/\eta, t \geqslant 0 \tag{3.2}$$

对于线性弹性固体,在除去应力时能立刻恢复其原有的形状(图 3.1(b))。弹性变形的特点之一是变形时能储藏能量,而当应力除去后,能量又释放出来使形变消失。线性黏性流体的应变是随时间以恒定的应变速度发展的,而除去应力后应变即保持不变,我们称之为发生了流动(图 3.1(c)),即能量是完全散失的。而图 3.1(d)所示的材料既具有黏性,即应变随时间发展,又具有弹性,即应力除去后,应变逐渐减小。因此,我们称之为黏弹体。图 3.1(d)中的材料应变能完全消失,即材料变形时没有发生黏性流动,所以我们称之为黏弹性固体。有的黏弹性材料在蠕变中表现出如图 3.1(e)所示的性状,即形变也是随时间发展的,而且不断发展,并趋向恒定的应变速度(与黏性流体类似)。这种材料在应力除去后,只能部分恢复,留下永久变形,即这种材料在蠕变时发生了黏性流动,所以称之为黏弹性液体。

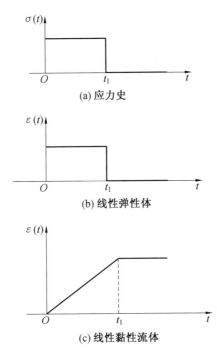

(a) 应力史

(b) 线性弹性体

(c) 线性黏性流体

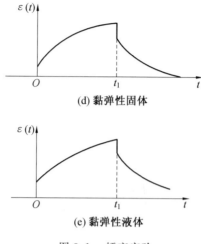

(d) 黏弹性固体

(e) 黏弹性液体

图 3.1　蠕变实验

对线性弹性体,用弹性常数 D 或 J 就可以表示其弹性,对线性黏性流体可用黏度 η 表示其黏性,它们都是与时间无关的。知道了应力和应变或应变速度就可计算 D 和 η。然而对于黏弹性体,无论是黏弹性固体还是黏弹性液体,应变都是随时间变化的,因而弹性常数也是随时间而变的。在上述蠕变中:

$$D(t) = \varepsilon(t)/\sigma_0 \qquad (3.3)$$

因此对黏弹性体,需要了解在整个时间谱范围内的 $D(t)$。不同的黏弹性体有不同的 $D(t)$,这反映了材料的微观结构的差异,因此黏弹性理论不仅具有实践意义,而且能解释材料的内部结构。我们把 $D(t)$ 称为蠕变柔量,一般用 $D(t)$ 表示拉伸蠕变柔量。对于剪切蠕变试验,一般用 $J(t)$ 表示剪切蠕变柔量,即

$$J(t) = \gamma(t)/\tau_0 \qquad (3.4)$$

3.1.2　应力松弛实验

使材料试样瞬时地产生一个应变,然后使它保持不变,即

$$\varepsilon(t) = 0, t \leqslant 0$$
$$\varepsilon(t) = \varepsilon_0, t \geqslant 0$$

如图 3.2(a) 所示,然后观察应力随时间的变化。

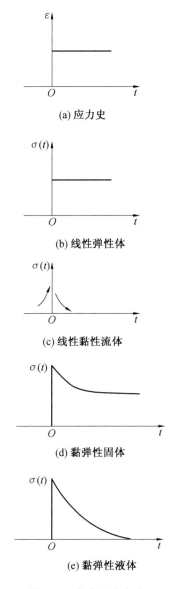

图 3.2 应力松弛实验

图 3.2 为各种材料的响应。对线性弹性体,应力不随时间而变(图 3.2(b))。对线性黏性流体,应力瞬时即松弛(图 3.2(c)),它不能储存能量。对于黏弹性固体,如图 3.2(d) 所示,应力随时间下降,但不会降为零,而是趋向一个定值。对于黏弹性液体,如图 3.2(e) 所示,应力随时间

下降，最后趋近于零，也就是说应力完全松弛。无论是黏弹性固体还是黏弹性液体，应力都是时间的函数，因此其模量 E 也是时间的函数，即

$$E(t) = \sigma(t)/\varepsilon_0 \tag{3.5}$$

对黏弹性体，要表征其性状，必须了解 $E(t)$，它是材料的性质，是其内部结构的反映，$E(t)$ 称为拉伸松弛模量。同样，对于剪切应力松弛实验，剪切松弛模量

$$G(t) = \tau(t)/\gamma_0 \tag{3.6}$$

必须指出，可用蠕变实验定义柔量，用松弛实验定义模量，即

$$D(t) = \frac{\varepsilon(t)}{\sigma_0} \neq \frac{\varepsilon_0}{\sigma(t)} = \frac{1}{E(t)}$$

即

$$D(t) \neq \frac{1}{E(t)} \tag{3.7}$$

也就是，必须记住，$J(t)$ 和 $D(t)$ 只能从蠕变实验中测出，$G(t)$ 和 $E(t)$ 只能从应力松弛实验中求出。

3.2 线性黏弹性的定义 —— 玻尔兹曼(Boltzmann)加和原理

3.2.1 正比性

对于线性弹性体，柔量 D 为材料的性质，与应力大小无关，如图3.3(b)所示，并与时间无关。对线性黏弹性体，同样要求应变与应力成正比，即

$$D(t) = \varepsilon(t)/\sigma_0$$

这种关系应该在任何时刻都成立，$D(t)$ 是由材料的性质决定的，与应力的大小无关，如图 3.3(c) 所示，当 σ_0 改变时，$D(t)$ 并不改变。我们把材料的性质符合上式的称为正比性，但这不是线性黏弹性的唯一要求。

3.2.2 加和性

(1) 应力史的影响。

下面来分析应力 σ_0 有不同应力史的情况，即应力 σ_0 是在不同时刻施

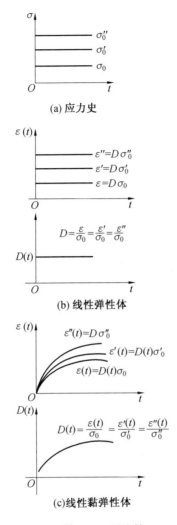

图 3.3 正比性

加的,如图 3.4 所示。

假定应力史有 3 种不同的情况,即应力 σ_0 是在时刻零、时刻 τ_1 和时刻 τ_2 时施加的。对线性黏弹性体,相对于这 3 种不同的应力史,应变 $\varepsilon = D\sigma_0$,即它与应力史无关,只决定于在该时刻的应力 σ_0。

对黏弹性材料,如应力史为零时刻施加的:

$$\varepsilon_0(t) = \sigma_0 D(t)$$

如应力为 τ_1 和 τ_2 时刻施加的:

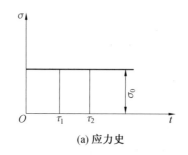

(a) 应力史

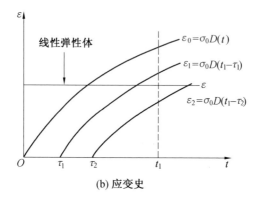

(b) 应变史

图 3.4　应力史的影响

$$\varepsilon_0(t) = \sigma_0 D(t-\tau_1)$$
$$\varepsilon_0(t) = \sigma_0 D(t-\tau_2)$$

在时刻 t_1 时,相应于 3 种不同的应力史,应变 ε_0 和 ε_1,ε_2 不同。也就是说,对黏弹性材料,应变史不仅决定于应力的大小,还决定于应力史。或者说在某个时刻的应变,不仅决定于该时刻的应力,还决定于此时刻之前所受应力的情况。

（2）两步应力史。

现在考虑两步蠕变的情况,设施加的应力史为 H,有

$$\begin{aligned}
\sigma(t) &= 0, t \leqslant \tau_1 \\
\sigma(t) &= \Delta\sigma_1, \tau_1 \leqslant t \leqslant \tau_2 \\
\sigma(t) &= \Delta\sigma_1 + \Delta\sigma_2, \tau_2 \leqslant t
\end{aligned} \tag{3.8}$$

如图 3.5(a) 所示,$\Delta\sigma_1$ 和 $\Delta\sigma_2$ 是常数,$\tau_2 > \tau_1$。可把它看成两个应力史之和(图 3.5(b) 和 3.5(c)),即

$$\sigma_1(t) = 0, t \leqslant \tau_1$$
$$\sigma_1(t) = \Delta\sigma_1, t \geqslant \tau_1 \tag{3.9}$$
$$\sigma_2(t) = 0, t \leqslant \tau_2$$
$$\sigma_2(t) = \Delta\sigma_2, t \geqslant \tau_2 \tag{3.10}$$

如果该材料符合前面讲过的正比性,则相当于 $\sigma_1(t)$,应变史 $\varepsilon_1(t)$ 为(图 3.5(e))

$$\varepsilon_1(t) = 0, t \leqslant \tau_1$$
$$\varepsilon_1(t) = \Delta\sigma_1 D(t-\tau_1), t \geqslant \tau_1 \tag{3.11}$$

相当于 $\sigma_2(t)$(图 3.5(f)):

$$\varepsilon_2(t) = 0, t \leqslant \tau_2$$
$$\varepsilon_2(t) = \Delta\sigma_2 D(t-\tau_2), t \geqslant \tau_2 \tag{3.12}$$

现在,如果材料是线性黏弹性的,那么应变史 $\varepsilon(t)$ 为

$$\varepsilon(t) = \varepsilon_1(t) + \varepsilon_2(t)$$

由式(3.11)和式(3.12),有(图 3.5(d)):

$$\varepsilon(t) = 0, t \leqslant \tau_1$$
$$\varepsilon(t) = \Delta\sigma_1 D(t-\tau_1), \tau_1 \leqslant t \leqslant \tau_2$$
$$\varepsilon(t) = \Delta\sigma_1 D(t-\tau_1) + \Delta\sigma_2 D(t-\tau_2), t \geqslant \tau_2 \tag{3.13}$$

如果式(3.13)成立,说明应变史是各个独立的应力史产生的相应的应变史的加和,我们说该材料的应变具有加和性,这是线性黏弹性的另一个条件。

从式(3.13)可以看出:

① 对于任意的应力史,在给定的现在时刻 t,应变史是所有应力史的函数。这里 t 是常数,而 τ 是变量,$\Delta\sigma$ 是随 τ 而变的。

② 当 $\tau_1 = \tau_2$ 时,即 $\Delta\sigma_1$ 和 $\Delta\sigma_2$ 是同时从 τ_1 施加时,正比性才适用,即
$$\varepsilon(t) = \Delta\sigma_1 D(t-\tau_1) + \Delta\sigma_2 D(t-\tau_2) =$$
$$(\Delta\sigma_1 + \Delta\sigma_2) D(t-\tau_1)$$

③ 在给定的时刻 t,应变 $\varepsilon(t)$ 并不决定于该时刻的应力 $\sigma(t)$,而是决定于在时刻 t 之前的全部应力史。举例来说,设在时刻 t 时,应力为 $\Delta\sigma_1 + \Delta\sigma_2$,但可能有不同的应力史,如图 3.6 所示。虽然在时刻 t_1 时,应力都是 $\Delta\sigma_1 + \Delta\sigma_2$,但由于它们有不同的应力史,在时刻 t_1 时的应变就不同:

$$\varepsilon_1(t) = (\Delta\sigma_1 + \Delta\sigma_2) D(t)$$

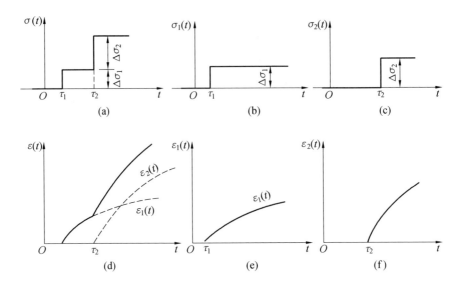

图 3.5 加和性

$$\varepsilon_2(t) = \Delta\sigma_1 D(t) + \Delta\sigma_2 D(t-\tau_1)$$
$$\varepsilon_3(t) = \Delta\sigma_1 D(t-\tau_1) + \Delta\sigma_2 D(t-\tau_2)$$

很明显 $\varepsilon_1(t) \neq \varepsilon_2(t) \neq \varepsilon_3(t)$，$\varepsilon(t)$ 与应力史有关，给定 t 时它是 τ 的函数。

（3）连续应力史。

如果应力史是一个任意的随时间而变的函数 $\sigma(\tau)$，如图 3.7 所示，在时刻 t 的 $\varepsilon(t)$ 应是在 t 之前全部的应力史的函数。可近似地把连续应力史看成是多步的负荷，即在 τ_1 时，加 $\Delta\tau_1$；在 τ_2 时，增加一个负荷 $\Delta\tau_2$；τ_3 时加 $\Delta\tau_3$；……；在 τ_i 时加 $\Delta\tau_i$，这时

$$\varepsilon(t) = \Delta\sigma(\tau_1)D(t-\tau_1) + \Delta\sigma(\tau_2)D(t-\tau_2) + \Delta\sigma(\tau_3)D(t-\tau_3) + \cdots +$$
$$\Delta\sigma(\tau_i)D(t-\tau_i) + \cdots + \Delta\sigma(\tau_m)D(t-\tau_m) =$$
$$\sum_{i=1}^{m} \Delta\sigma(\tau_i)D(t-i), \tau_m \leqslant t$$

如果把 $\Delta\sigma(\tau_i)$ 分成无限小量，则有

$$\varepsilon(t) = \oint_0^{\sigma(t)} D(t-\tau)\mathrm{d}\sigma(\tau) \tag{3.14}$$

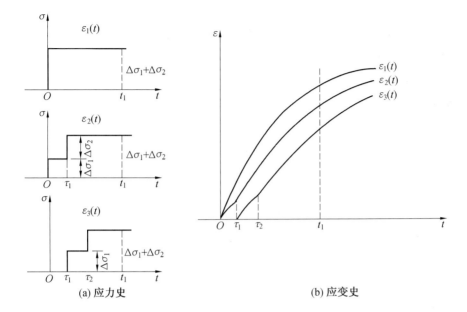

(a) 应力史　　　　　　　　　　(b) 应变史

图 3.6　不同应力史的两步应力实验

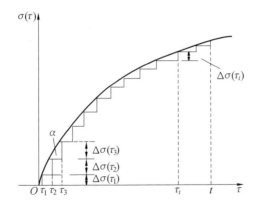

图 3.7　连续应力史

或换元后得

$$\varepsilon(t) = \int_{-\infty}^{t} D(t-\tau) \frac{\mathrm{d}\sigma(\tau)}{\mathrm{d}\tau} \mathrm{d}\tau \qquad (3.15)$$

从图 3.7 可见，$\Delta\sigma(\tau_3) = (\tau_3 - \tau_2)\tan\alpha = \tan\alpha\Delta\tau_3$，当 $\Delta\sigma(\tau_i)$ 分成无限小时，显然 $\tan\alpha$ 即曲线的切线的斜率为 $\mathrm{d}\sigma(\tau)/\mathrm{d}\tau$，$\Delta\tau$ 成为 $\mathrm{d}\tau$，即 $\mathrm{d}\sigma(\tau) = (\mathrm{d}\sigma(\tau)/\mathrm{d}\tau)\mathrm{d}\tau$。积分下限为 $-\infty$ 是考虑到从 $-\infty$ 到 t 的全部应力史都对

$\varepsilon(t)$ 有贡献。

式(3.15)就是玻尔兹曼加和原理的数学式,表明应变与全部应力史呈线性关系。由式(3.15),如果知道材料的性质 $D(t)$,又知道时刻 t 之前的全部应力史 $\sigma(\tau)$(从 $-\infty$ 到现在时刻 t),就可以计算在任意时刻 t 时的 $\varepsilon(t)$。

3.3 蠕变与松弛

3.3.1 蠕变柔量

在蠕变实验中,应变是随时间增大的,因此可以认为 $D(t)$ 是随时间单调增加的,即 $\mathrm{d}D(t)/\mathrm{d}t \geqslant 0$。

现在来讨论黏弹性固体和黏弹性液体的 $D(t)$ 的一般形式。对黏弹性固体,当瞬时地加上一个应力时,它产生一个瞬时的弹性应变,然后应变随时间逐渐发展,并趋于一个极限值。其 $D(t)$ 的一般形式如图 3.8 所示。

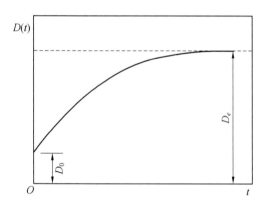

图 3.8 黏弹性固体的蠕变柔量

D_0 称为瞬时拉伸模量。D_0 反映黏弹性固体的线性弹性变形,定义为

$$\lim_{t \to 0^+} D(t) = D_0 \tag{3.16}$$

0^+ 表示从正值趋于 0。

D_e 为当时间相当长后 $D(t)$ 的趋近值:

$$\lim_{t \to \infty} D(t) = D_e \tag{3.17}$$

或
$$D(\infty) = D_e$$

我们可认为 $D(t)$ 由两部分组成,即
$$D(t) = D_e + \psi(t) \tag{3.18}$$

式中　$\psi(t)$——推迟拉伸柔量,它是时间 t 的单调增加函数。

当 $t \to \infty$ 时,
$$D(\infty) = D_e = D_0 + \psi(\infty)$$

式中　D_e——平衡柔量,因此
$$\psi(\infty) = D_e - D_0$$

$\psi(0)$ 反映橡胶弹性,因而是可以恢复的。

对于黏弹性液体,$D(t)$ 趋向于与 t 成线性关系(图 3.9),即
$$D(t) = a + bt$$

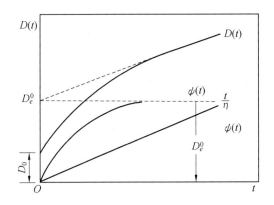

图 3.9　黏弹性液体的蠕变柔量

由于
$$D(t) = \varepsilon(t)/\sigma_0$$
$$\mathrm{d}D(t)/\mathrm{d}t = \frac{\mathrm{d}\varepsilon(t)/\mathrm{d}t}{\sigma_0} = b$$

因为
$$\sigma_0 = \eta\dot{\gamma}$$

所以
$$b = \dot{\gamma}/\sigma_0 = 1/\eta$$

我们可把黏弹性液体的蠕变柔量表示为
$$D(t) = D_0 + \psi(t) + t/\eta \tag{3.19}$$

式中　t/η——黏性流动;

$D_0 + \psi(t)$——可恢复的弹性变形,可用 $D_R(t)$ 表示:

$$D_R(t) = D_0 + \psi(t)$$
$$D(t) = D_R(t) + t/\eta \tag{3.20}$$

$t \to \infty$ 时:

$$D_R(t) = D_0 + \psi(\infty) = D_e^0$$

式中 D_e^0——稳定态柔量。

$D(t)$ 为 t 的单调递增函数,即 $\mathrm{d}D(t)/\mathrm{d}t \geqslant 0$。其两阶导数 $\mathrm{d}^2 D(t)/\mathrm{d}t^2 < 0$,曲线向下凹。$D(t)$ 只有在 $t > 0$ 时才有定义。

3.3.2 松弛模量

当试样在应力松弛实验中突然产生一个应变时,产生一个与瞬间应力相应的模量为 E_∞,称为瞬间拉伸模量,然后逐渐随时间下降(图3.10(a))。黏弹性固体应力不降至零,而是趋于一个极限值,相应的模量为

$$E_\infty = E_0 + \varphi(0)$$

式中 E_∞——平衡拉伸模量。

对于黏弹性液体,应力最后趋于零,如图3.10(b)所示。对于黏弹性固体,有

$$E(t) = E_0 + \varphi(t)$$
$$\varphi(0) = E_\infty - E_0$$

式中 $\varphi(t)$——松弛函数。

对黏弹性液体,

$$E(t) = \varphi(t)$$
$$\varphi(0) = E_\infty$$
$$\varphi(\infty) = 0$$

或合并写成

$$E(t) = [E_0] + \varphi(t) \tag{3.21}$$

式中,[ ]表示如材料为黏弹性液体,$E_0 = 0$。

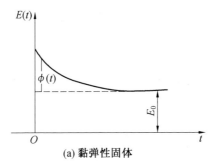

(a) 黏弹性固体

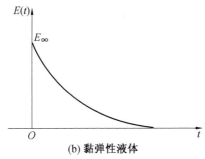

(b) 黏弹性液体

图 3.10　松弛模量图

3.3.3　蠕变和回复

1. 应变史

蠕变和回复实验中的应力史如下式和图 3.11(a) 所示。

$$\begin{cases} \sigma(t)=0, t \leqslant 0 \\ \sigma(t)=\sigma_0, \tau \geqslant t \geqslant 0 \\ \sigma(t)=0, t \geqslant \tau \end{cases} \quad (3.22)$$

这是一种两步应力的情况：

$$\begin{cases} \sigma_1(t)=0, t \leqslant 0 \\ \sigma_1(t)=\sigma_0, t \geqslant 0 \end{cases}$$

$$\begin{cases} \sigma_2(t)=0, t \leqslant 0 \\ \sigma_2(t)=-\sigma_0, t \geqslant 0 \end{cases}$$

对这两个独立的应力史，相应的应变史为

$$\varepsilon_1(t)=\sigma_0 D(t)$$

$$\varepsilon_2(t)=-\sigma_0 D(t-\tau)$$

如果材料是线性黏弹性的,则根据加和性原理:

$$\varepsilon(t)=\varepsilon_1(t)+\varepsilon_2(t)=\sigma_0 D(t)-\sigma_0 D(t-\tau) \quad (3.23)$$

$D(t)$ 可从实验测出。按式(3.23)可计算出其回复时的 $\varepsilon(t)$,作图与实验时得到的回复曲线比较,如果两者重合,说明该材料符合线性黏弹性。

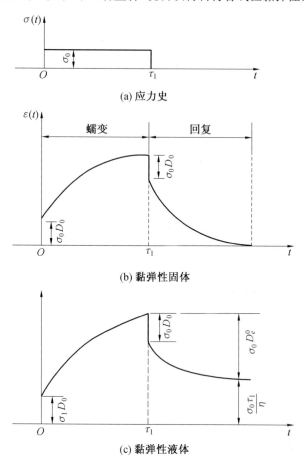

图 3.11 蠕变和回复实验

在讨论蠕变和回复实验时,有时采用 $\mu=t-\tau$,即回复的时间,这样

$$\varepsilon(\mu+\tau)=\sigma_0[D(\tau+\mu)-D(\mu)] \quad (3.24)$$

2. 回复曲线

回复曲线定义为

$$R(\tau,\mu)=[\varepsilon(\tau)-\varepsilon(\tau+\mu)]/\sigma_0=D(\tau)-D(\tau+\mu)+D(\mu) \quad (3.25)$$

如图 3.12 所示,$\sigma_0 R(\tau,\mu)$ 就是蠕变回复曲线中回复部分的镜像,以

$[\tau, \varepsilon(\tau)]$ 为原点的曲线。τ 给定后,它是回复时间 μ 的函数。

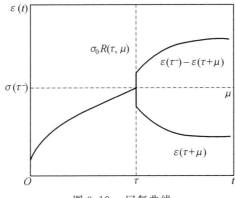

图 3.12　回复曲线

3. 黏弹性固体的蠕变回复

对黏弹性固体:

$$\varepsilon(t) = \sigma_0 [D(\tau+\mu) - D(\mu)]$$

如果 τ 足够长,使该黏弹性固体已达到平衡态,即 $D(\tau)=D_e$,这种蠕变称为长蠕变;反之为短蠕变。

不论是长蠕变还是短蠕变,只要长时间回复,即 $\mu \to \infty$,则

$$\varepsilon(t) = \sigma_0 [D(\infty) - D(\infty)] = \sigma_0 [D_e - D_e] = 0$$

即黏弹性固体是完全回复的。

下面来看回复曲线的情况。对长蠕变:

$$R(\tau, \mu) = D(\tau) - D(\tau+\mu) + D(\mu)$$
$$R(\infty, \mu) = D_e - D_e + D(\mu) = D(\mu)$$

长时间回复后:

$$R(\infty, \infty) = D(\infty) = D_e$$

即长蠕变回复后得到的回复曲线与蠕变柔量等同。在测定不同温度时的 $D(t)$ 时可以用回复曲线来测得下一个温度的 $D(t)$,而不必让试样回复完全后再升温,重新测 $D(t)$。

对短蠕变,长时间回复后 $\mu \to \infty$,则

$$R(\tau, \mu) = D(\tau) - D(\tau+\mu) + D(\mu)$$
$$R(\tau, \infty) = D(\tau) - D_e + D_e = D(\tau)$$

4. 黏弹性液体的蠕变回复

对黏弹性液体：

$$\varepsilon(\tau,\mu) = \sigma_0[D(\tau+\mu) - D(\mu)] =$$

$$\sigma_0\left[D_0 + \psi(\tau+\mu) + \frac{\tau+\mu}{\eta} - D_0 - \psi(\mu) - \frac{\mu}{\eta}\right] =$$

$$\sigma_0\left[\psi(\tau+\mu) - \psi(\mu) + \frac{\tau}{\eta}\right]$$

在长时间回复后 $\mu \to \infty$，有

$$\varepsilon(\tau,\infty) = \sigma_0\tau/\eta \tag{3.26}$$

也即，黏弹性液体不完全回复，长时间回复后留下永久变形式(3.26)。这是测定线性聚合物黏度的一种方法，比测定稳定态时用直线部分的斜率($1/\eta$)来计算准确得多。

下面来分析黏弹性液体的回复曲线。

$$R(\tau,\mu) = D(\tau) - D(\tau+\mu) + D(\mu) =$$

$$D_0 + \psi(\tau) + \frac{\tau}{\eta} - D_0 - \psi(\tau+\mu) -$$

$$\frac{\tau+\mu}{\eta} + D_0 + \psi(\mu) + \frac{\mu}{\eta} =$$

$$D_0 + \psi(\tau) + \psi(\mu) - \psi(\tau+\mu) \tag{3.27}$$

对长蠕变($\tau \to \infty$)：

$$R(\infty,\mu) = D_0 + \psi(\mu) = D_R(\mu)$$

因此测定黏弹性液体的回复曲线可得到其可恢复柔量 $D_R(t)$。

同时长蠕变后再长时间回复，可求得 D_e^0，即

$$R(\infty,\infty) = D_0 + \psi(\infty) = D_e^0$$

对短蠕变，长时间回复后：

$$R(\tau,\infty) = D_0 + \psi(\tau) = D_R(\tau)$$

根据上面的讨论，可以总结出蠕变回复实验的应用：

(1) 检验材料是否是线性黏弹性材料；

(2) 用回复曲线测定黏弹性固体的蠕变柔量和黏弹性液体的可恢复蠕变量 $D_R(t)$；

(3) 测定黏弹性液体的黏度和稳定态柔量 D_e^0。

第4章 黏弹模型

4.1 黏弹模型的基本元件

4.1.1 弹性元件

弹性元件通常用弹簧表示,代表虎克固体,如图4.1所示。其本构关系满足胡克定律

$$\sigma = E \cdot \varepsilon \tag{4.1}$$

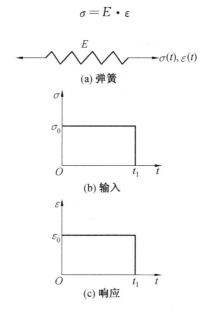

图 4.1 弹簧与弹性变形

弹性元件在外力作用下将瞬时产生变形,撤消外力后变形将瞬时恢复,不产生蠕变和应力松弛。

4.1.2 黏性元件

黏性元件用黏壶表示，代表牛顿流体，如图 4.2 所示。其本构关系满足牛顿内摩擦定律

$$\sigma = \eta \cdot \dot{\varepsilon}$$

$$\varepsilon = \frac{\sigma}{\eta} t \tag{4.2}$$

黏性元件在外力作用下，变形会随时间成比例增加；撤消外力后，变形不能恢复并将永远保持下去。

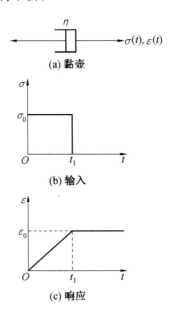

图 4.2　黏壶与流动变形

4.1.3 塑性元件

在构建流变模型时还常常采用称作滑块的元件(图 4.3)。图 4.3 中 F_0 代表静摩擦力，P 代表外加作用力。当 $P < F_0$ 时滑块静止不动，即不发生任何变形。当 $P = F_0$ 时，滑块开始运动，以此表示物体开始产生塑性流动。

黏弹性材料的性质是式(4.1)和式(4.2)描述的两种简单情况的某种组合。后面我们将讨论如何由弹性元件和阻尼元件构建黏弹性模型，以及

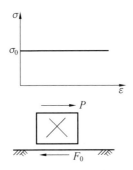

图 4.3 圣维难体

如何由这些模型得到各种可能的黏弹性性质的问题。当然,某一给定材料是否遵从这种性质是一个需要通过实验解决的问题。如果遵从这种性质,就可以利用这一理论。

4.2 拉普拉斯积分变换

4.2.1 拉普拉斯变换

对函数 $\Phi(t)H(t)e^{-\beta t}$,当 $\beta > 0$,施加傅氏变换,则可得

$$G(\omega) = \int_{-\infty}^{\infty} \Phi(t)H(t)e^{-\beta t}e^{i\omega t}dt = \int_{-\infty}^{\infty} \Phi(t)H(t)e^{-(\beta-i\omega)t}dt$$

若令 $f(t) = \Phi(t)H(t)$,$S = \beta - i\omega$,$F(S) = G\left(\dfrac{S-\beta}{-i}\right)$,则可得

$$F(S) = \int_{0}^{\infty} f(t)e^{-st}dt$$

由上式所确定的函数 $F(S)$,实际上是由 $f(t)$ 通过一种新的变换而得,这种变换称为拉普拉斯变换。

设函数 $f(t)$,当 $t \geqslant 0$ 时有定义,且积分

$$\int_{0}^{\infty} f(t)e^{-pt}dt$$

在 p 的某领域内收敛,则由此积分所确定的函数可写成

$$\overline{f}(p) = \int_{0}^{\infty} f(t)e^{-pt}dt \tag{4.3}$$

式(4.3)称为函数 $f(t)$ 的拉普拉斯变换式,简称拉氏变换,记作

$$\overline{f}(p) = L[f(t)]$$

式中　$\overline{f}(p)$——象函数；

$f(t)$——象原函数。

由式(4.3)可以看出，当 $t \geqslant 0$ 时 $f(t)$ 的拉氏变换式，实际上就是 $f(t)H(t)\mathrm{e}^{-\beta t}$ 的傅氏变换式。

若 $\overline{f}(p)$ 是 $f(t)$ 的拉氏变换，则称 $f(t)$ 为 $\overline{f}(p)$ 的反变换，记作

$$f(t) = L^{-1}[\overline{f}(p)]$$

下面介绍几种常用函数的拉氏变换：

(1) 求单位阶梯函数 $H(t)$ 的拉氏变换。

根据拉氏变换的定义，则有

$$L[H(t)] = \int_0^\infty \mathrm{e}^{-pt}\mathrm{d}t$$

这个积分在 $\mathrm{Re}(p) > 0$ 时收敛，而且有

$$\int_0^\infty \mathrm{e}^{-pt}\mathrm{d}t = -\frac{1}{p}\mathrm{e}^{-pt}\Big|_0^\infty = \frac{1}{p}$$

所以可得

$$L[H(t)] = \frac{1}{p}$$

上式要求 $\mathrm{Re}(p) > 0$。

(2) 指数函数 $f(t) = \mathrm{e}^{kt}$ 的拉氏变换，其中 k 为常数。

根据式(4.3)，则有

$$L[\mathrm{e}^{kt}] = \int_0^\infty \mathrm{e}^{kt}\mathrm{e}^{-pt}\mathrm{d}t = \int_0^\infty \mathrm{e}^{-(p-k)t}\mathrm{d}t$$

上述积分在 $\mathrm{Re}(p) > k$ 时收敛，而且有

$$\int_0^\infty \mathrm{e}^{-(p-k)t}\mathrm{d}t = \frac{1}{p-k}$$

所以可得

$$L[\mathrm{e}^{kt}] = \frac{1}{p-k}$$

上式要求 $\mathrm{Re}(p) > k$。

(3) 正弦函数 $f(t) = \sin kt$ 的拉氏变换，其中 k 为实数。

根据拉氏变换的定义，则有

$$L[\sin kt] = \int_0^\infty \sin kt \, e^{-pt} dt$$

这个积分在 $\mathrm{Re}(p) > 0$ 收敛。

利用分部积分法,则可得

$$\int_0^\infty \sin kt \, e^{-pt} dt = -\frac{1}{p} \int_0^\infty \sin kt \, de^{-pt} =$$

$$-\frac{1}{p} \sin kt \, e^{-pt} \Big|_0^\infty + \frac{k}{p} \int_0^\infty \cos kt \, e^{-pt} dt = -\frac{k}{p^2} \int_0^\infty \cos kt \, de^{-pt} =$$

$$-\frac{k}{p^2} \cos kt \, e^{-pt} \Big|_0^\infty - \frac{k^2}{p^2} \int_0^\infty \sin kt \, e^{-pt} dt = \frac{k}{p^2} - \frac{k^2}{p^2} \int_0^\infty \sin kt \, e^{-pt} dt$$

故可得

$$\int_0^\infty \sin kt \, e^{-pt} dt = \frac{k}{p^2 + k^2}$$

即

$$L[\sin kt] = \frac{k}{p^2 + k^2}$$

(4) 幂函数 $f(t) = t^m$ 的拉氏变换,其中 $m > -1$.

根据拉氏变换的定义,则有

$$L[t^m] = \int_0^\infty t^m e^{-pt} dt$$

这个积分在 $\mathrm{Re}(p) > 0$ 收敛。

若令 $x = pt$,$dt = \dfrac{dx}{p}$,从而有

$$\int_0^\infty t^m e^{-pt} dt = \int_0^\infty \left(\frac{x}{p}\right)^m e^{-x} \frac{dx}{p} = \frac{1}{p^{m+1}} \int_0^\infty x^m e^{-x} dx$$

又根据 Γ 函数的定义,则有

$$\int_0^\infty t^m e^{-pt} dt = \frac{\Gamma(m+1)}{p^{m+1}}$$

所以可得

$$L[t^m] = \frac{\Gamma(m+1)}{p^{m+1}}$$

当 m 为非负整数时,则有

$$L[t^m] = \frac{m!}{p^{m+1}}$$

特别当 $m=0$ 时,有

$$L[1]=\frac{1}{p}$$

(5) 单位脉冲函数 $\delta(t)$ 的拉氏变换。

根据式(4.3),并利用 δ - 函数的性质

$$\int_{-\infty}^{\infty}f(t)\delta(t)\mathrm{d}t=f(0)$$

则有

$$L[\delta(t)]=\int_{0}^{\infty}\delta(t)\mathrm{e}^{-pt}\mathrm{d}t=\mathrm{e}^{-pt}\mid_{t=0}=1$$

在实际工作中,并不需要用求广义积分的方法来计算函数的拉氏变换,有现成的拉氏变换表可查,就如同使用三角函数表、对数表和积分表一样。本书将工程实际常遇到的一些函数及其拉氏变换,列入本书的附录中,以备查用。

4.2.2 拉氏变换的性质

本节主要介绍拉氏变换的几个重要性质,它们在拉氏变换的实际应用中都是得力的工具。为了叙述方便起见,假定在这些性质中,凡是要求拉氏变换的函数都满足拉氏变换存在的条件。

1. 相似性质

设 $\bar{f}(p)=L[f(t)]$,且 $a>0$,则有

$$L[f(at)]=\frac{1}{a}\bar{f}\left(\frac{p}{a}\right) \tag{4.4}$$

【证】 令 $x=at$,则有

$$L[f(at)]=\frac{1}{a}\int_{0}^{\infty}f(x)\mathrm{e}^{-\frac{p}{a}x}\mathrm{d}x=\frac{1}{a}\bar{f}\left(\frac{p}{a}\right)$$

上式表明,象原函数自变量扩大(或缩小)a 倍的拉氏变换,等于自变量缩小(或扩大)a 倍的象函数乘以 $\frac{1}{a}$ 倍。

举例说明该性质的应用:求 $\cos ax$ 的拉氏变换,其中 $a>0$。

根据拉氏变换的定义,则有

$$L[\cos x]=\int_{0}^{\infty}\cos x\mathrm{e}^{-px}\mathrm{d}x$$

利用分部积分法,则有

$$\int_0^\infty \cos x e^{-px} dx = -\frac{1}{p}\int_0^\infty \cos x de^{-px} =$$
$$-\frac{1}{p}\cos x e^{-px}\Big|_0^\infty - \frac{1}{p}\int_0^\infty \sin x e^{-px} dx =$$
$$\frac{1}{p} + \frac{1}{p^2}\int_0^\infty \sin x de^{-px} =$$
$$\frac{1}{p} + \frac{1}{p^2}\sin x e^{-px}\Big|_0^\infty - \frac{1}{p^2}\int_0^\infty \cos x e^{-px} dx =$$
$$\frac{1}{p} - \frac{1}{p^2}\int_0^\infty \cos x e^{-px} dx$$

即

$$L[\cos x] = \int_0^\infty \cos x e^{-px} dx = \frac{p}{p^2+1}$$

根据拉氏变换的相似性质,则可得

$$L[\cos ax] = \frac{1}{a} \frac{\frac{p}{a}}{\left(\frac{p}{a}\right)^2 + 1} = \frac{p}{p^2 + a^2}$$

如查附录表中第6式,也可得到上式。

2. 位移性质

若 $L[f(t)] = \bar{f}(p)$,对于任意实数 a,当 $\mathrm{Re}(p-a) > 0$,则有

$$L[e^{at} f(t)] = \bar{f}(p-a) \tag{4.5}$$

【证】 根据拉氏变换的定义,则有

$$L[e^{at} f(t)] = \int_0^\infty f(t) e^{-(p-a)t} dt$$

上述积分式在 $\mathrm{Re}(p-a) > 0$ 时收敛,故可得

$$L[e^{at} f(t)] = \bar{f}(p-a)$$

这个位移性质表明,一个象原函数乘以指数函数 e^{at},等于其象函数做平移 a。

举例说明该性质的应用:求 $L[e^{-at} \sin \omega t]$。

已知

$$L[\sin \omega t] = \frac{\omega}{\omega^2 + p^2}$$

利用平移性质,当 $\mathrm{Re}(p+a)>0$,则可得

$$L[\mathrm{e}^{-at}\sin \omega t]=\frac{\omega}{\omega^2+(p+a)^2}$$

3. 延迟性质

若 $L[f(t)]=\overline{f}(p)$,且 $t<0$ 时,$f(t)=0$,对于任意实数 τ,则有

$$L[f(t-\tau)]=\mathrm{e}^{-p\tau}\overline{f}(p) \tag{4.6}$$

【证】 根据拉氏变换的定义,则有

$$L[f(t-\tau)]=\int_0^\infty f(t-\tau)\mathrm{e}^{-pt}\mathrm{d}t=\int_0^\tau f(t-\tau)\mathrm{e}^{-pt}\mathrm{d}t+\int_\tau^\infty f(t-\tau)\mathrm{e}^{-pt}\mathrm{d}t$$

由条件可知,当 $t<\tau$ 时,$f(t-\tau)<0$,所有上式右端第一个积分为零;对于第二项积分当 $\mathrm{Re}(p)>0$ 时收敛,且当 $t\geqslant\tau$ 时,$f(t-\tau)\neq 0$。令 $x=t-\tau$,则可得

$$L[f(t-\tau)]=\int_0^\infty f(x)\mathrm{e}^{-p(x+\tau)}\mathrm{d}x=\mathrm{e}^{-p\tau}\int_0^\infty f(x)\mathrm{e}^{-px}\mathrm{d}x=\mathrm{e}^{-p\tau}\overline{f}(p)$$

函数 $f(t-\tau)$ 与 $f(t)$ 相比,$f(t)$ 是从 $t=0$ 开始取非零值,而 $f(t-\tau)$ 是从 $t=\tau$ 开始才取非零值,即延迟了一个时间 τ。从它们的图像来看,$f(t-\tau)$ 的图像是由 $f(t)$ 的图像沿 t 轴平移距离 τ 而得,如图 4.4 所示。这条性质表明,时间函数延迟 τ,相当于它的象函数乘以指数因子 $\mathrm{e}^{-p\tau}$。

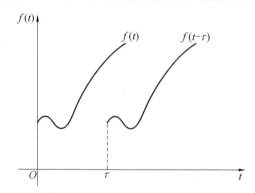

图 4.4 延迟性质示意图

举例说明该性质的应用:求图 4.5 所示的阶梯函数的拉氏变换。

利用单位阶梯函数,将图 4.5 的阶梯函数表示为

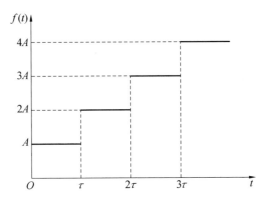

图 4.5　阶梯函数

$$f(t) = A(H(t) + H(t-\tau) + H(t-2\tau) + \cdots + H(t-k\tau) + \cdots) =$$
$$A\sum_{k=0}^{\infty} H(t-k\tau)$$

上式两端取拉氏变换,并利用延迟性质,则可得

$$L[f(t)] = A\sum_{k=0}^{\infty} \frac{e^{-pk\tau}}{p} = \frac{A}{p}(1 + \sum_{k=1}^{\infty} e^{-pk\tau})$$

当 $\mathrm{Re}(p) > 0$ 时,有

$$|e^{-p\tau}| < 1$$

所以,上式右端圆括号中为公比小于 1 的等比级数,从而可得

$$L[f(t)] = \frac{A}{p} \frac{1}{1-e^{-p\tau}} = \frac{A}{2p} \frac{2e^{\frac{p\tau}{2}}}{e^{\frac{p\tau}{2}} - e^{-\frac{p\tau}{2}}} =$$

$$\frac{A}{2p} \frac{e^{\frac{p\tau}{2}} - e^{-\frac{p\tau}{2}} + e^{\frac{p\tau}{2}} + e^{-\frac{p\tau}{2}}}{e^{\frac{p\tau}{2}} - e^{-\frac{p\tau}{2}}} = \frac{A}{2p}(1 + \frac{e^{\frac{p\tau}{2}} + e^{-\frac{p\tau}{2}}}{e^{\frac{p\tau}{2}} - e^{-\frac{p\tau}{2}}})$$

$$L[f(t)] = \frac{A}{2p}(1 + \coth\frac{p\tau}{2})$$

式中　$\coth\dfrac{p\tau}{2}$——双曲余切,其值为

$$\coth\frac{p\tau}{2} = \frac{e^{\frac{p\tau}{2}} + e^{-\frac{p\tau}{2}}}{e^{\frac{p\tau}{2}} - e^{-\frac{p\tau}{2}}}$$

4. 微分性质

设 $f(t)$ 在区间 $t > 0$ 可导,且 $L[f(t)] = \bar{f}(p)$,则有

$$L\left[\frac{\mathrm{d}f(t)}{\mathrm{d}t}\right] = p\bar{f}(p) - f(0) \tag{4.7}$$

【证】 根据拉氏变换的定义,则有

$$L\left[\frac{\mathrm{d}f(t)}{\mathrm{d}t}\right]=\int_0^\infty \frac{\mathrm{d}f(t)}{\mathrm{d}t}\mathrm{e}^{-pt}\mathrm{d}t=\int_0^\infty \mathrm{e}^{-pt}\mathrm{d}f(t)=$$

$$f(t)\mathrm{e}^{-pt}\Big|_0^\infty + p\int_0^\infty f(t)\mathrm{e}^{-pt}\mathrm{d}t = pL[f(t)] - f(0)$$

应该指出,当 $f(t)$ 在 $t=0$ 处不连续时,$f(0)$ 应理解为 $f(0+0)$。

这条性质表明,一阶导函数的拉氏变换等于该函数的拉氏变换乘以参变量 p,再减去函数的初值。

【推论】 设 $f(t)$ 在区间 $t>0$ 内 n 次可导,n 为自然数,且 $L[f(t)]=\overline{f}(p)$,则有

$$L\left[\frac{\mathrm{d}^n f(t)}{\mathrm{d}t^n}\right]=p^n \overline{f}^{(n)}(p)-\sum_{k=1}^n p^{n-k}f^{(k-1)}(0) \tag{4.8}$$

其中,$f^{(0)}(0)=f(0)$。

当 $f^{(r)}(0)=0(r=0,1,2,\cdots,n-1)$ 时,则有

$$L\left[\frac{\mathrm{d}^n f(t)}{\mathrm{d}t^n}\right]=p^n \overline{f}(p)$$

此微分性质使我们有可能将 $f(t)$ 的微分方程转化为 $\overline{f}(p)$ 的代数方程。因此,它对分析线性系统有着重要的作用。下面利用它推算一些函数的拉氏变换。

已知 $L[\sin bt]=\dfrac{b}{p^2+b^2}$,求 $\cos bt$ 的拉氏变换,其中 $b>0$。

根据导数公式,则有

$$\cos bt = \frac{1}{b}\frac{\mathrm{d}}{\mathrm{d}t}\sin bt$$

利用微分性质,则可得

$$L[\cos bt]=L\left[\frac{1}{b}\frac{\mathrm{d}}{\mathrm{d}t}\sin bt\right]=\frac{1}{b}(pL[\sin bt]-\sin bt\,|_{t=0})=$$

$$\frac{p}{b}\frac{b}{p^2+b^2}=\frac{p}{p^2+b^2}$$

利用式(4.8),求 $f(t)=t^m$ 的拉氏变换,其中 m 为正整数。

由于 $f(0)=f'(0)=\cdots=f^{(m-1)}(0)=0$,且 $f^{(m)}(t)=m!$,所以可得

$$L[m!]=L[f^{(m)}(t)]=p^m L[f(t)]$$

即

$$L[m!] = p^m L[t^m]$$

而

$$L[m!] = m! \ L[1] = \frac{m!}{p}$$

故可得

$$L[t^m] = \frac{m!}{p^{m+1}}$$

5. 积分性质

若 $L[f(t)] = \overline{f}(p)$，则有

$$L\left[\int_0^t f(x) dx\right] = \frac{1}{p} \overline{f}(p) \tag{4.9}$$

【证】 设 $F(t) = \int_0^t f(x) dx$，则可得

$$\frac{d}{dt} F(t) = f(t)$$

$$F(0) = 0$$

根据微分性质，则有

$$L\left[\frac{d}{dt} F(t)\right] = pL[F(t)] - F(0) = pL\left[\int_0^t f(x) dx\right]$$

又

$$L\left[\frac{d}{dt} F(t)\right] = L[f(t)] = \overline{f}(p)$$

故可得

$$L\left[\int_0^t f(x) dx\right] = \frac{1}{p} \overline{f}(p)$$

这条性质表明，某函数积分后再取拉氏变换等于这个函数的拉氏变换除以参变量 p。

重复应用式(4.8)，就可以得到

$$L\left(\underbrace{\int_0^t \int_0^t \int_0^t}_{n次} f(x) \underbrace{dx dx \cdots dx}_{n次}\right) = \frac{1}{p^n} \overline{f}(p) \tag{4.10}$$

举例说明该性质的应用：已知 $L[1] = \frac{1}{p}$，求 t^n 的拉氏变换，其中 n 为自然数。

$$L[t^n] = n!\ \ L\left(\int_0^t \mathrm{d}x \int_0^t \mathrm{d}x \cdots \int_0^t \mathrm{d}x\right) = \frac{n!}{p^{n+1}}$$

6. 初值定理

若 $L[f(t)] = \overline{f}(p)$，且 $\lim\limits_{p\to\infty} p\overline{f}(p)$ 存在，则有

$$f(0) = \lim_{p\to\infty} p\overline{f}(p) \tag{4.11}$$

【证】 根据拉氏变换的微分性质，则有

$$L[f'(t)] = p\overline{f}(p) - f(0)$$

即

$$\lim_{p\to\infty}[p\overline{f}(p) - f(0)] = \lim_{p\to\infty} L[f'(t)] = \int_0^\infty f'(t)(\lim_{p\to\infty} e^{-pt})\mathrm{d}t = 0$$

故可得

$$f(0) = \lim_{p\to\infty} p\overline{f}(p)$$

这一性质表明，函数 $f(t)$ 在 $t=0$ 处的函数值，可以通过 $f(t)$ 的拉氏变换 $\overline{f}(p)$ 乘以参变量 p，取 $p\to\infty$ 时的极限值而得到。它建立起函数 $f(t)$ 在坐标原点的值与函数 $p\overline{f}(p)$ 在无限远点的值之间的关系。

【推论】 若 $L[f(t)] = p\overline{f}(p)$，且

$$\lim_{p\to\infty}\left(p^n \overline{f}(p) - \sum_{k=1}^{n-1} p^{n-k} f^{(k-1)}(0)\right)$$

存在，则可得

$$f^{(n-1)}(0) = \lim_{p\to\infty}\left(p^n \overline{f}(p) - \sum_{k=1}^{n-1} p^{n-k} f^{(k-1)}(0)\right) \tag{4.12}$$

当 $n=1$ 时，第二个有限和应去掉。

当 $n=2$ 时，则有

$$f'(0) = \lim_{p\to\infty}(p^2 \overline{f}(p) - pf(0))$$

举例说明该性质的应用：已知 $\overline{f}(p) = \dfrac{p+\lambda}{(p+\lambda)^2 + b^2}$，求 $f(0)$ 和 $f'(0)$。

根据初值定理，则有

$$f(0) = \lim_{p\to\infty} p\,\frac{p+\lambda}{(p+\lambda)^2 + b^2} = 1$$

$$f'(0) = \lim_{p\to\infty}\left(p^2\,\frac{p+\lambda}{(p+\lambda)^2+b^2} - p\right) = \lim_{p\to\infty}\left(\frac{p^2(p+\lambda) - p(p+\lambda)^2 - pb^2}{(p+\lambda)^2 + b^2}\right) =$$

$$\lim_{p\to\infty}\left(-\frac{p^2\lambda+p\lambda^2+pb^2}{(p+\lambda)^2+b^2}\right)=\lim_{p\to\infty}\left(-\frac{\lambda+\dfrac{\lambda^2}{p}+\dfrac{b^2}{p}}{(1+\dfrac{\lambda}{p})^2+\dfrac{b^2}{p^2}}\right)=-\lambda$$

7. 终值定理

若 $L[f(t)]=\bar{f}(p)$，且 $\lim\limits_{t\to\infty}f(t)$ 存在，则有

$$f(\infty)=\lim_{p\to 0}p\bar{f}(p) \tag{4.13}$$

【证】 根据拉氏变换的微分性质，则有

$$L[f'(t)]=p\bar{f}(p)-f(0)$$

上式两端取 $p\to 0$ 的极限，则可得

$$\lim_{p\to 0}L[f'(t)]=\lim_{p\to 0}[p\bar{f}(p)-f(0)]=\lim_{p\to 0}p\bar{f}(p)-f(0)$$

但是

$$\lim_{p\to 0}L[f'(t)]=\lim_{p\to 0}\int_0^\infty f'(t)\mathrm{e}^{-pt}\mathrm{d}t=\int_0^\infty f'(t)\lim_{p\to 0}(\mathrm{e}^{-pt})\mathrm{d}t=$$
$$\int_0^\infty f'(t)\mathrm{d}t=f(t)\bigg|_0^\infty=f(\infty)-f(0)$$

故可得

$$f(\infty)=\lim_{p\to 0}p\bar{f}(p)$$

式(4.13)表明，函数 $f(t)$ 在 $t\to 0$ 时的数值(即稳定值)，可以通过 $f(t)$ 的拉氏变换乘以 p 取 $p\to 0$ 时的极限值而得到。它建立起函数 $f(t)$ 在无穷远的值与函数 $p\bar{f}(p)$ 在原点的值之间的关系。

在拉氏变换的应用中，往往先得到 $\bar{f}(p)$，再去求出 $f(t)$。但有时我们并不关心函数 $f(t)$ 的表达式，而是需要知道 $f(t)$ 在 $t\to\infty$ 或 $t\to 0$ 时的性态，这两个性态给我们提供方便，能直接由 $\bar{f}(p)$ 来求出 $f(t)$ 的两个特殊值 $f(0)$，$f(\infty)$。

【推论】 若 $L[f(t)]=\bar{f}(p)$，且 $\lim\limits_{t\to\infty}f^{(n-1)}t$ 存在，其中 n 为自然数，则可得

$$f^{n-1}(\infty)=\lim_{p\to 0}p^n\bar{f}(p) \tag{4.14}$$

当 $n=1$ 时，则有

$$f(\infty)=\lim_{p\to 0}p\bar{f}(p)$$

当 $n=2$ 时,则有
$$f'(\infty)=\lim_{p\to 0} p^2 \overline{f}(p)$$

举例说明其应用,已知 $\overline{f}(p)=\dfrac{1}{p}$,求出 $f(\infty)$ 和 $f'(\infty)$。

根据终值定理,则可得
$$f(\infty)=\lim_{p\to 0}\frac{p}{p}=1$$
$$f'(\infty)=\lim_{p\to 0}\frac{p^2}{p}=0$$

4.3 二元件黏弹模型

4.3.1 Maxwell 模型

Maxwell 模型是黏弹模型中的一种基本模型,它由一个弹性元件和一个黏性元件串联而成,如图 4.6 所示。这一模型的连接方式类似于电工学中的串联电路,在黏弹理论中也把这种连接方式称为串联。

图 4.6 Maxwell 模型

Maxwell 模型的本构方程可根据各截面应力相等、应变相加的原则建立。即若弹簧的应变为 ε_1,黏壶的应变为 ε_2,则总应变
$$\varepsilon=\varepsilon_1+\varepsilon_2$$

将式(4.1)和式(4.2)代入上式得到 Maxwell 的本构方程
$$\dot{\varepsilon}=\frac{\dot{\sigma}}{E}+\frac{\sigma}{\eta} \tag{4.15}$$

如果已知材料参数 E 和 η,则可利用该微分型的本构方程来分析其蠕变、回复和应力松弛等现象。

1. 蠕变

设 $H(t)$ 为单位阶梯函数,即
$$H(t)=\begin{cases} 0, & t<0 \\ 1, & t>0 \end{cases}$$

对 Maxwell 模型输入应力 $\sigma=\sigma_0 H(t)$,即在 $t=0$ 瞬间施加应力 σ_0,且保持不变,由于串联弹簧的作用,则加载瞬间产生的应变为 $\dfrac{\sigma_0}{E}$,且当 $t>0$,有 $\dot{\sigma}=0$,则式(4.15)变为

$$\dot{\varepsilon}=\frac{\sigma_0}{\eta}$$

对上式施加拉氏变换,由拉氏变换的微分性质

$$L[f'(t)]=s\bar{f}(s)-f(0)$$

可得

$$s\bar{\varepsilon}(s)-\varepsilon(0)=\frac{\sigma_0}{\eta s}$$

由于瞬间应变 $\varepsilon(0)=\dfrac{\sigma_0}{E}$,所以

$$\bar{\varepsilon}(s)=\frac{\sigma_0}{Es}+\frac{\sigma_0}{\eta s^2}$$

对此式施加拉氏反变换可得

$$\varepsilon=\frac{\sigma_0}{E}\left(1+\frac{E}{\eta}t\right) \tag{4.16}$$

由式(4.16)可知,Maxwell 模型在加载应力瞬间会产生 $\dfrac{\sigma_0}{E}$ 的初始应变,具有瞬间弹性效应;随着时间 t 的延长,变形 ε 会不断增加,直至无穷大,如图 4.7 所示。因此 Maxwell 模型描述的是液体而不是固体,称为 Maxwell 液体,沥青、生橡胶、蛋清等均可作为 Maxwell 液体来处理。

2. 回复

若在 $t=t_1$ 时卸载,Maxwell 模型的变形规律相当于在 t_1 时刻施加 $-\sigma_0$ 的应力,根据 Boltzmann 叠加原理,卸载后的变形为

$$\varepsilon=-\frac{\sigma_0}{E}\left(1+\frac{E}{\eta}(t-t_1)\right)+\frac{\sigma_0}{E}\left(1+\frac{E}{\eta}t\right)$$

$$\varepsilon=\frac{\sigma_0}{\eta}t_1 \tag{4.17}$$

由式(4.17)可知,Maxwell 模型在卸载后瞬时弹性变形 $\dfrac{\sigma_0}{E}$ 立即回复,而应变 $\dfrac{\sigma_0}{\eta}t_1$ 不能回复,称为永久变形,如图 4.7 所示。

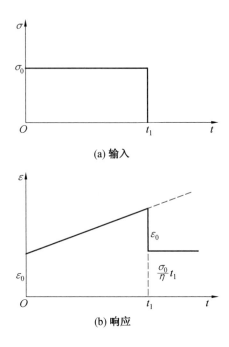

图 4.7 Maxwell 模型的蠕变和回复

3. 应力松弛

对 Maxwell 模型输入应变 $\varepsilon=\varepsilon_0 H(t)$,即在 $t=0$ 瞬间施加应变 ε_0,且保持不变,则加载瞬间产生的应力为 $E\varepsilon_0$,且当 $t>0$,有 $\dot{\varepsilon}=0$,则式(4.15)变为

$$\frac{\dot{\sigma}}{E}+\frac{\sigma}{\eta}=0$$

对上式施加拉氏变换得

$$\frac{1}{E}(s\bar{\sigma}(s)-\sigma(0))+\frac{1}{\eta}\bar{\sigma}(s)=0$$

由于瞬间应力 $\sigma(0)=E\varepsilon_0$,所以

$$\bar{\sigma}(s)=\frac{E\varepsilon_0}{s+\dfrac{E}{\eta}}$$

对此式施加拉氏反变换可得

$$\sigma=E\varepsilon_0 e^{-\frac{E}{\eta}t} \tag{4.18}$$

由式(4.18)可知,Maxwell 模型在加载应变瞬间会产生 $E\varepsilon_0$ 的初始应力;随着时间 t 的延长,应力 σ 会不断减小,直至为零,如图 4.8 所示。我们称 $\tau_r = \dfrac{\eta}{E}$ 为松弛时间。松弛时间是一个重要的材料内部时间参数,由材料的性质决定,代表了材料黏性和弹性的比例,松弛时间越短,材料越接近弹性。

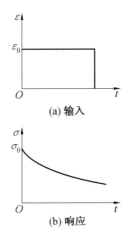

图 4.8 Maxwell 模型的应力松弛

4.3.2 Kelvin 模型

Kelvin 模型或 Voigt 模型,是黏弹模型理论中的另一种基本模型。Kelvin 模型由弹簧和黏壶并联而成,如图 4.9 所示。

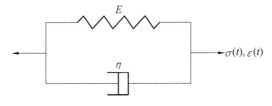

图 4.9 Kelvin 模型

Kelvin 模型的本构方程根据弹簧和黏壶的应变相等、总应力等于两元件应力和的原则建立。即若弹簧的应力为 σ_1,黏壶的应力为 σ_2,则总应力 $\sigma = \sigma_1 + \sigma_2$。

将式(4.1)和式(4.2)代入上式得到 Kelvin 模型的本构方程为

$$\sigma = E\varepsilon + \eta\dot{\varepsilon} \tag{4.19}$$

下面利用该本构方程来分析其蠕变、回复和应力松弛现象。

1. 蠕变

对 Kelvin 模型输入应力 $\sigma = \sigma_0 H(t)$，由于 Kelvin 模型中不存在串联的弹簧，所以加载瞬间不会产生瞬时应变，即 $\varepsilon(0) = 0$。式(4.19)变为

$$\sigma_0 = E\varepsilon + \eta \dot{\varepsilon}$$

对上式施加拉氏变换得

$$E\bar{\varepsilon}(s) + \eta s \bar{\varepsilon}(s) = \frac{\sigma_0}{s}$$

解方程得

$$\bar{\varepsilon}(s) = \frac{\sigma_0}{s(E + \eta s)}$$

对此式施加拉氏反变换可得

$$\varepsilon = \frac{\sigma_0}{E}(1 - e^{-\frac{E}{\eta}t}) \tag{4.20}$$

由式(4.20)可知，Kelvin 模型在加载应力瞬间由于黏壶的限制，不会立即产生变形，应力完全由黏壶承担；随着时间 t 的延长，变形 ε 会不断增加，直至达到 $\frac{\sigma_0}{E}$，此时弹簧变形达到极限，应变将不再增加，如图 4.10 所示。

2. 回复

若在 $t = t_1$ 时卸载，Kelvin 模型的变形规律同样相当于在 t_1 时刻施加 $-\sigma_0$ 的应力，根据 Boltzmann 叠加原理，卸载后的变形

$$\varepsilon = -\frac{\sigma_0}{E}(1 - e^{-\frac{E}{\eta}(t-t_1)}) + \frac{\sigma_0}{E}(1 - e^{-\frac{E}{\eta}t})$$

$$\varepsilon = \frac{\sigma_0}{E}(1 - e^{-\frac{E}{\eta}t_1})e^{-\frac{E}{\eta}(t-t_1)} \tag{4.21}$$

由式(4.21)可知，卸载后，弹簧的变形受黏壶的限制不能瞬间回复；随着时间 t 的增加，变形逐渐减小，经历无限长时间后，变形完全回复，如图 4.10 所示。这种卸载后变形逐渐回复的性质称为弹性后效，这种变形本质上属于弹性变形。因此，Kelvin 模型具有固体的属性。在 Kelvin 模型中，我们称 $\tau_r = \frac{\eta}{E}$ 为延迟时间。

3. 应力松弛

对 Kelvin 模型输入应变 $\varepsilon = \varepsilon_0 H(t)$，当 $t > 0$ 时，$\dot{\varepsilon} = 0$，则式(4.19)变为

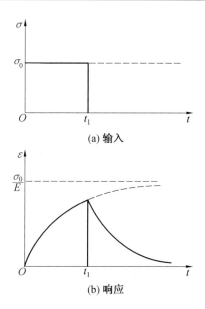

图 4.10 Kelvin 模型的蠕变和回复

$$\sigma = E\varepsilon_0$$

说明,在 $t=0$ 时,施加应变 ε_0,应力是个定值。因此,在 $t=0$ 时,突加应变 ε_0,对 Kelvin 模型毫无意义。

由上述两节分析可知,Maxwell 模型能描述松弛现象,但是不能描述延迟弹性;Kelvin 模型能描述蠕变现象,但是不能表示松弛现象。

4.4 三元件和四元件黏弹模型

Maxwell 和 Kelvin 模型在一定程度上反映了材料的黏弹性力学行为,但因其过于简单,很难合理地拟合黏弹性材料多种多样的复杂力学行为。因此,为了更好地描述实际材料的黏弹性质,常采用多个基本元件和基本模型组合而成的其他复杂模型。本节介绍由 3 个元件和 4 个元件构成的黏弹模型。

4.4.1 三元件模型

三元件模型是由一个基本元件和一个基本模型构造而成的,共有 4 种形式,如图 4.11 所示。

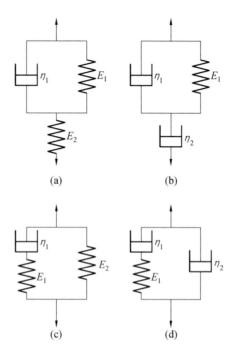

图 4.11 三元件模型

图 4.11(a) 为 Kelvin 模型和弹性元件串联而成的三元件模型,称为三参量固体模型。图 4.11(b) 为 Kelvin 模型和黏性元件串联而成的三元件模型,称为三参量液体模型。这两种模型是常用的三元件模型,本节详细介绍这两种模型的本构推导过程,其他两种模型可以采用本节类似的方法推导。

1. 三参数固体模型

由于三参数固体模型是由弹簧与 Kelvin 模型组成的串联模型,所以其本构方程根据串联方式下,弹簧和 Kelvin 模型的应力相等、总应变等于两元件应变和的原则建立。即若 Kelvin 模型的应变为 ε_1,弹簧的应变为 ε_2,则总应变

$$\varepsilon = \varepsilon_1 + \varepsilon_2 \qquad ①$$

由式(4.1)和式(4.7)可知弹簧和 Kelvin 模型的本构方程分别为

$$\sigma = E_2 \varepsilon_2 \qquad ②$$

$$\sigma = E_1 \varepsilon_1 + \eta_1 \dot{\varepsilon}_1 \qquad ③$$

由式①、式②和式③消去 ε_1, ε_2 即可得到三参量固体模型的本构方程

$$\sigma + p_1\dot{\sigma} = q_0\varepsilon + q_1\dot{\varepsilon} \tag{4.22}$$

式中

$$p_1 = \frac{\eta_1}{E_1 + E_2}$$

$$q_0 = \frac{E_1 E_2}{E_1 + E_2}$$

$$q_1 = \frac{\eta_1 E_2}{E_1 + E_2}$$

由 p_1, q_0 和 q_1 的关系式可得

$$\frac{q_1}{p_1} - q_0 = \frac{E_2^2}{E_1 + E_2} > 0$$

即

$$q_1 > p_1 q_0$$

这一条件是该模型本构方程存在的必要条件。

下面利用该本构方程来分析其蠕变、回复和应力松弛现象。

(1) 蠕变。

对模型输入应力 $\sigma = \sigma_0 H(t)$,则加载瞬间弹簧 E_2 产生的瞬时应变为 $\frac{\sigma_0}{E_2}$,当 $t > 0$ 时,$\sigma = \sigma_0$ 且 $\dot{\sigma} = 0$。于是式(4.22)变为

$$q_0\varepsilon + q_1\dot{\varepsilon} = \sigma_0$$

对上式施加拉氏变换得

$$q_0\bar{\varepsilon}(s) + q_1(s\bar{\varepsilon}(s) - \varepsilon(0)) = \frac{\sigma_0}{s}$$

由于瞬间应变 $\varepsilon(0) = \frac{\sigma_0}{E_2}$,所以

$$\bar{\varepsilon}(s) = \sigma_0 \frac{1 + p_1 s}{s(q_0 + q_1 s)}$$

对此式施加拉氏反变换可得

$$\varepsilon = \frac{p_1}{q_1}\sigma_0 + \left(\frac{1}{q_0} - \frac{p_1}{q_1}\right)\sigma_0(1 - e^{-\frac{q_0}{q_1}t})$$

或

$$\varepsilon = \frac{\sigma_0}{E_2} + \frac{\sigma_0}{E_1}(1 - e^{-\frac{E_1}{\eta_1}t}) \tag{4.23}$$

由式(4.23)可知,该模型在加载应力瞬间会产生 $\frac{\sigma_0}{E_2}$ 的初始应变,具有瞬间

弹性效应;随着时间 t 的延长,变形 ε 会逐渐增加,当 $t\to\infty$ 时,变形趋近于 $\dfrac{\sigma_0}{E_2}+\dfrac{\sigma_0}{E_1}$,如图 4.12 所示。这种无限长时间下的有限变形称为渐进弹性。

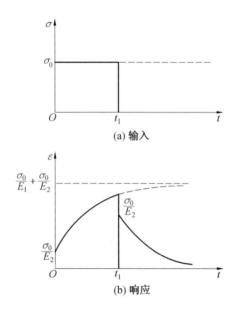

图 4.12　三参量固体模型的蠕变和回复

(2) 回复。

若在 $t=t_1$ 时卸载,该模型的变形规律同样相当于在 t_1 时刻施加一 σ_0 的应力,根据 Boltzmann 叠加原理,卸载后的变形

$$\varepsilon=-\left(\dfrac{\sigma_0}{E_2}+\dfrac{\sigma_0}{E_1}(1-\mathrm{e}^{-\frac{E_1}{\eta_1}(t-t_1)})\right)+\left(\dfrac{\sigma_0}{E_2}+\dfrac{\sigma_0}{E_1}(1-\mathrm{e}^{-\frac{E_1}{\eta_1}t})\right)$$

$$\varepsilon=\dfrac{\sigma_0}{E_1}(1-\mathrm{e}^{-\frac{E_1}{\eta_1}t_1})\mathrm{e}^{-\frac{E_1}{\eta_1}(t-t_1)} \tag{4.24}$$

由式(4.24)可知,三参量固体模型的瞬时弹性变形 $\dfrac{\sigma_0}{E_2}$ 立即回复,此时,其回复方程与 Kelvin 模型相同,三参量固体模型已等效于 Kelvin 模型,如图 4.12 所示。

(3) 应力松弛。

对模型输入应变 $\varepsilon=\varepsilon_0 H(t)$,则加载瞬间弹簧产生的瞬时应力为 $E_2\varepsilon_0$,

当 $t>0$ 时,$\varepsilon=\varepsilon_0$ 且 $\dot{\varepsilon}=0$,则式(4.22)变为
$$\sigma+p_1\dot{\sigma}=q_0\varepsilon_0$$

对上式施加拉氏变换得
$$\bar{\sigma}(s)+p_1(s\bar{\sigma}(s)-\sigma(0))=\frac{q_0\varepsilon_0}{s}$$

由于瞬间应力 $\sigma(0)=E_2\varepsilon_0$,所以
$$\bar{\sigma}(s)=\frac{q_0\varepsilon_0}{p_1 s(s+\frac{1}{p_1})}+\frac{E_2\varepsilon_0}{s+\frac{1}{p_1}}$$

对此式施加拉氏反变换可得
$$\sigma=q_0\varepsilon_0+(\frac{q_1}{p_1}-q_0)\varepsilon_0 e^{-\frac{t}{p_1}}$$

或
$$\sigma=\frac{E_2\varepsilon_0}{E_1+E_2}(E_1+E_2 e^{-\frac{E_1+E_2}{\eta_1}t}) \tag{4.25}$$

由式(4.25)可知,三参量固体模型在加载应变瞬间会产生 $E_2\varepsilon_0$ 的初始应力;随着时间 t 的延长,应力 σ 会逐渐减小,当 $t\to\infty$ 时,应力趋近于 $\frac{E_1 E_2}{E_1+E_2}\varepsilon_0$,如图4.13所示。三参量固体模型具有固体的特性。

2. 三参数液体模型

三参数液体模型是由黏壶和Kelvin模型组成的串联模型,假设Kelvin模型的应变为 ε_1,黏壶的应变为 ε_2,则总应变
$$\varepsilon=\varepsilon_1+\varepsilon_2 \quad\quad ④$$

黏壶和Kelvin模型的本构方程分别为
$$\sigma=\eta_2\dot{\varepsilon}_2 \quad\quad ⑤$$
$$\sigma=E_1\varepsilon_1+\eta_1\dot{\varepsilon}_1 \quad\quad ⑥$$

对式④⑤和⑥进行拉氏变换得
$$\bar{\varepsilon}=\bar{\varepsilon}_1+\bar{\varepsilon}_2 \quad\quad ⑦$$
$$\bar{\sigma}=\eta_2 s\bar{\varepsilon}_2 \quad\quad ⑧$$
$$\bar{\sigma}=E_1\bar{\varepsilon}_1+\eta_1 s\bar{\varepsilon}_1 \quad\quad ⑨$$

由式⑦⑧和⑨消去 $\bar{\varepsilon}_1$ 和 $\bar{\varepsilon}_2$ 可得三参数液体模型在拉氏域内的本构方程为

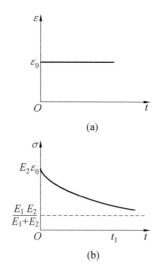

图 4.13 三参量固体模型的应力松弛

$$\bar{\sigma} + p_1 s\bar{\sigma} = q_1 s\bar{\varepsilon} + q_2 s^2 \bar{\varepsilon} \qquad ⑩$$

式中

$$p_1 = \frac{\eta_1 + \eta_2}{E_1}$$

$$q_1 = \eta_2$$

$$q_2 = \frac{\eta_1 \eta_2}{E_1}$$

对式 ⑩ 进行拉氏反变换,可得时域内三参数液体模型的本构方程为

$$\sigma + p_1 \dot{\sigma} = q_1 \dot{\varepsilon} + q_2 \ddot{\varepsilon} \qquad (4.26)$$

这一本构方程存在的必要条件是

$$p_1 q_1 > q_2$$

下面利用该本构方程分析蠕变、回复和应力松弛现象。

(1) 蠕变。

对模型输入应力 $\sigma = \sigma_0 H(t)$,由于模型中没有串联的弹簧,所以瞬时应变为 0,当 $t > 0$ 时,$\sigma = \sigma_0$ 且 $\dot{\sigma} = 0$,则式(4.26)变为

$$q_1 \dot{\varepsilon} + q_2 \ddot{\varepsilon} = \sigma_0$$

对上式施加拉氏变换得

$$q_1 s\bar{\varepsilon} + q_2 s^2 \bar{\varepsilon} = \frac{\sigma_0}{s}$$

解得

$$\bar{\varepsilon}(s) = \frac{\sigma_0}{s^2(q_1 + q_2 s)}$$

对此式施加拉氏反变换可得

$$\varepsilon(t) = \sigma_0 \left(\frac{p_1 q_1 - q_2}{q_1^2} (1 - e^{-\frac{q_1}{q_2}t}) + \frac{t}{q_1} \right)$$

或

$$\varepsilon(t) = \sigma_0 \left(\frac{1}{E_1}(1 - e^{-\frac{E_1}{\eta_1}t}) + \frac{t}{\eta_2} \right) \tag{4.27}$$

由式(4.27)可知：模型在加载应力瞬间不产生初始应变，不具有瞬间弹性效应；随着时间 t 的增加，变形 ε 逐渐增加；当时间无限长时，变形由黏壶 η_2 的黏度决定，称为纯黏性流动，如图 4.14 所示。

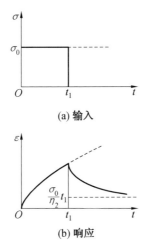

图 4.14 三参量液体模型的蠕变和回复

(2) 回复。

若在 $t = t_1$ 时卸载，该模型的变形规律同样相当于在 t_1 时刻施加 $-\sigma_0$ 的应力，根据 Boltzmann 叠加原理，卸载后的变形

$$\varepsilon = -\sigma_0 \left(\frac{1}{E_1}(1 - e^{-\frac{E_1}{\eta_1}(t-t_1)}) + \frac{t - t_1}{\eta_2} \right) + \sigma_0 \left(\frac{1}{E_1}(1 - e^{-\frac{E_1}{\eta_1}t}) + \frac{t}{\eta_2} \right)$$

$$\varepsilon = \frac{\sigma_0}{\eta_2} t_1 + \frac{\sigma_0}{E_1}(1 - e^{-\frac{E_1}{\eta_1}t_1}) e^{-\frac{E_1}{\eta_1}(t-t_1)} \tag{4.28}$$

由式(4.28)可知，三参量液体模型的部分变形会逐渐恢复，当 $t \to \infty$

时,变形不能完全回复,而是趋近于$\frac{\sigma_0}{\eta_2}t_1$,称为永久变形,如图 4.14 所示。

(3) 应力松弛。

三参数液体模型的松弛可以完全松弛,其解为

$$\sigma(t) = \varepsilon_0 \left(\frac{q_2}{p_1} \delta(t) + \frac{1}{p_1}(q_1 - \frac{q_2}{p_1}) e^{-\frac{t}{p_1}} \right)$$

或

$$\sigma(t) = \varepsilon_0 \left(\frac{\eta_1 \eta_2}{\eta_1 + \eta_2} \delta(t) + \frac{\eta_1^2 E}{(\eta_1 + \eta_2)^2} e^{-\frac{E}{\eta_1 + \eta_2}} \right) \quad (4.29)$$

由式(4.29)可知:由于模型中串联黏壶,三参量液体模型在加载应变瞬间会产生无穷大的初始应力;随着时间 t 的延长,应力 σ 会逐渐减小,当 $t \to \infty$ 时,应力可以完全松弛,如图 4.15 所示。三参量液体模型具有液体的特性。

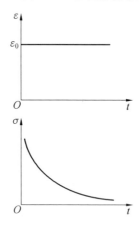

图 4.15 三参量液体模型的应力松弛

4.4.2 四元件模型——Burgers 模型

Burgers 模型是由一个 Maxwell 模型和一个 Kelvin 模型串联而成的,如图 4.16 所示。

其本构方程根据串联方式下,Maxwell 模型和 Kelvin 模型的应力相等、总应变等于两模型应变和的原则建立。即若 Maxwell 模型的应变为 ε_1,Kelvin 模型的应变为 ε_2,则总应变

$$\varepsilon = \varepsilon_1 + \varepsilon_2$$

⑪

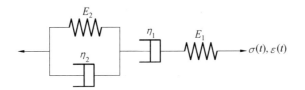

图 4.16 Burgers 模型

由式(4.15)和式(4.19)可知 Maxwell 模型和 Kelvin 模型的本构方程分别为

$$\dot{\varepsilon}_1 = \frac{\dot{\sigma}}{E_1} + \frac{\sigma}{\eta_1} \qquad ⑫$$

$$\frac{E_2}{\eta_2}\varepsilon_2 + \dot{\varepsilon}_2 = \frac{\sigma}{\eta_2} \qquad ⑬$$

由式 ⑪⑫ 和式 ⑬ 消去 ε_1 和 ε_2，即可得到 Burgers 模型的本构方程

$$\sigma + p_1\dot{\sigma} + p_2\ddot{\sigma} = q_1\dot{\varepsilon} + q_2\ddot{\varepsilon} \qquad (4.30)$$

式中

$$p_1 = \frac{\eta_1 E_1 + \eta_1 E_2 + \eta_2 E_1}{E_1 E_2}$$

$$p_2 = \frac{\eta_1 \eta_2}{E_1 E_2}$$

$$q_1 = \eta_1$$

$$q_2 = \frac{\eta_1 \eta_2}{E_2}$$

下面利用该本构方程来分析其蠕变、回复和应力松弛现象。

(1) 蠕变。

对模型输入应力 $\sigma = \sigma_0 H(t)$，则加载瞬间弹簧 E_1 产生的瞬时应变为 $\frac{\sigma_0}{E_1}$，当 $t > 0$ 时，$\sigma = \sigma_0$ 且 $\dot{\sigma} = \ddot{\sigma} = 0$。于是式(4.30)变为

$$q_1\dot{\varepsilon} + q_2\ddot{\varepsilon} = \sigma_0$$

对上式施加拉氏变换得

$$q_1(s\bar{\varepsilon}(s) - \varepsilon(0)) + q_2(s^2\bar{\varepsilon}(s) - s\varepsilon(0) - \dot{\varepsilon}(0)) = \frac{\sigma_0}{s}$$

瞬间应变

$$\varepsilon(0) = \frac{\sigma_0}{E_1}$$

式 ⑫ 和式 ⑬ 相加得

$$\dot{\varepsilon} = \left(\frac{1}{\eta_1} + \frac{1}{\eta_2}\right)\sigma + \frac{\dot{\sigma}}{E_1} - \frac{E_2}{\eta_2}\varepsilon_2 \qquad ⑭$$

因 $\dot{\sigma}=0, \varepsilon_2(0)=0$,所以

$$\dot{\varepsilon}(0) = \left(\frac{1}{\eta_1} + \frac{1}{\eta_2}\right)\sigma_0$$

所以

$$\bar{\varepsilon}(s) = \frac{p_2}{q_2 s}\sigma_0 + \frac{\frac{1}{\eta_1}+\frac{1}{\eta_2}}{s\left(s+\frac{q_1}{q_2}\right)}\sigma_0 + \frac{\sigma_0}{q_2 s^2\left(s+\frac{q_1}{q_2}\right)}$$

对上式施加拉氏反变换可得

$$\varepsilon = \frac{\sigma_0}{q_1}t + \frac{p_1 q_1 - q_2}{q_1^2}\sigma_0(1-\mathrm{e}^{-\frac{q_1}{q_2}t}) + \frac{p_2}{q_2}\sigma_0 \mathrm{e}^{-\frac{q_1}{q_2}t}$$

或

$$\varepsilon = \frac{\sigma_0}{E_1} + \frac{\sigma_0}{\eta_1}t + \frac{\sigma_0}{E_2}(1-\mathrm{e}^{-\frac{E_2}{\eta_2}t}) \qquad (4.31)$$

由式(4.31)可知,该模型在加载应力瞬间会产生 $\dfrac{\sigma_0}{E_1}$ 的初始应变,具有瞬间弹性效应;随着时间 t 的延长,变形 ε 会不断增加至无穷,如图 4.17 所示。

(2) 回复。

若在 $t=t_1$ 时卸载,该模型的变形规律同样相当于在 t_1 时刻施加 $-\sigma_1$ 的应力,根据 Boltzmann 叠加原理,卸载后的变形

$$\varepsilon = -\left(\frac{\sigma_0}{E_1} + \frac{\sigma_0}{\eta_1}(t-t_1) + \frac{\sigma_0}{E_2}(1-\mathrm{e}^{-\frac{E_2}{\eta_2}(t-t_1)})\right) + \left(\frac{\sigma_0}{E_1} + \frac{\sigma_0}{\eta_1}t + \frac{\sigma_0}{E_2}(1-\mathrm{e}^{-\frac{E_2}{\eta_2}t})\right)$$

$$\varepsilon = \frac{\sigma_0}{\eta_1}t_1 + \frac{\sigma_0}{E_2}(1-\mathrm{e}^{-\frac{E_2}{\eta_2}t_1})\mathrm{e}^{-\frac{E_2}{\eta_2}(t-t_1)} \qquad (4.32)$$

由式(4.32)可知,Burgers 模型的瞬时弹性变形 $\dfrac{\sigma_0}{E_1}$ 立即回复,此时,其回复方程为 Maxwell 模型与 Kelvin 模型的回复方程之和;当 $t \to \infty$ 时,变形不能完全回复,而是趋近于 $\dfrac{\sigma_0}{\eta_1}t_1$,称为永久变形,如图 4.17 所示。

(3) 应力松弛。

对模型输入应变 $\varepsilon = \varepsilon_0 H(t)$,则加载瞬间弹簧 1 产生的瞬时应力为 $E_1\varepsilon_0$,当 $t>0$ 时,$\varepsilon=\varepsilon_0$ 且 $\dot{\varepsilon}=\ddot{\varepsilon}=0$,则式(4.30)变为

第 4 章 黏弹模型

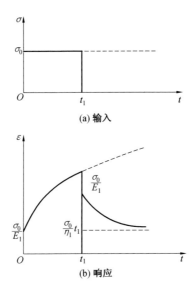

图 4.17 Burgers 模型的蠕变和回复

$$\sigma + p_1 \dot{\sigma} + p_2 \ddot{\sigma} = 0$$

对上式施加拉氏变换得

$$\bar{\sigma}(s) + p_1(s\bar{\sigma}(s) - \sigma(0)) + p_2(s^2\bar{\sigma}(s) - s\sigma(0) - \dot{\sigma}(0)) = 0 \quad ⑮$$

加载瞬间

$$\sigma(0) = E_1 \varepsilon_0$$

由式 ⑮ 得

$$\dot{\sigma} = -\left(\frac{E_1}{\eta_1} + \frac{E_1}{\eta_2}\right)\sigma + \frac{E_1 E_2}{\eta_2}\varepsilon_2$$

因 $\sigma(0) = E_1 \varepsilon_0$,$\varepsilon_2(0) = 0$,所以

$$\dot{\sigma}(0) = -\left(\frac{E_1}{\eta_1} + \frac{E_2}{\eta_2}\right) E_1 \varepsilon_0$$

所以

$$\bar{\sigma}(s) = \frac{(s + \dfrac{p_1}{p_2}) - (\dfrac{E_1}{\eta_1} + \dfrac{E_1}{\eta_2})}{(s + \alpha)(s + \beta)} E_1 \varepsilon_0$$

式中

$$\alpha = \frac{p_1 + \sqrt{p_1^2 - 4 p_2}}{2 p_2}$$

$$\beta = \frac{p_1 - \sqrt{p_1^2 - 4p_2}}{2p_2}$$

对此式施加拉氏反变换可得

$$\sigma = \frac{q_2}{p_2} \frac{\varepsilon_0}{\alpha - \beta}\left((\frac{q_1}{q_2} - \beta)e^{-\beta t} - (\frac{q_1}{q_2} - \alpha)e^{-\alpha t}\right)$$

或

$$\sigma = \frac{E_1 \varepsilon_0}{\alpha - \beta}\left((\frac{E_2}{\eta_2} - \beta)e^{-\beta t} - (\frac{E_2}{\eta_2} - \alpha)e^{-\alpha t}\right) \tag{4.33}$$

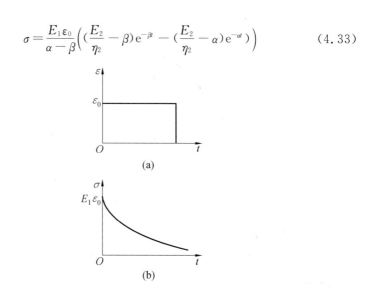

图 4.18 Burgers 模型的应力松弛

由式(4.33)可知,Burgers 模型在加载应变瞬间会产生 $E_1\varepsilon_0$ 的初始应力;随着时间 t 的延长,应力 σ 会逐渐减小,当 $t \to \infty$ 时,应力趋近 0,如图 4.18 所示。

4.4.3 模型元件的基本特性

为了方便讨论和使用,将基本模型的构成、本构方程和各种力学响应汇总于表 4.1 中。

第 4 章 黏弹模型

表 4.1 基本模型的构成、本构方程和各种力学响应

名称	模型	微分方程或本构式	蠕变柔量 $J(t)$	松弛模量 $Y(t)$	复柔量 $G_1(\omega)$ 实部 $G_1(\omega)$	复柔量 $G(\omega)$ 实部 $G_2(\omega)$
弹性固体		$\sigma = q_0 \varepsilon$	$1/q_0$	q_0	$1/q_0$	0
黏性流体		$\sigma = q_1 \dot{\varepsilon}$	t/q_0	$q_0 \delta(t)$	0	$-\dfrac{1}{q_1 \omega}$
Maxwell 流体		$\sigma + p_1 \dot{\sigma} = q_1 \dot{\varepsilon}$	$(p_1 + t)\dfrac{1}{q_1}$	$\dfrac{q_1}{p_1} e^{-t/p_1}$	$\dfrac{p_1}{q_1}$	$-\dfrac{1}{q_1 \omega}$
Kelvin 固体		$\sigma = q_0 \varepsilon + q_1 \dot{\varepsilon}$	$\dfrac{1}{q_0}(1-e^{-\lambda t}), \lambda = \dfrac{q_0}{q_1}$	$q_0 + q_1 \delta(t)$	$\dfrac{q_0}{q_0^2 + q_1^2 \omega^2}$	$\dfrac{-q_1 \omega}{q_0^2 + q_1^2 \omega^2}$
三参数固体		$\sigma + p_1 \dot{\sigma} = q_0 \varepsilon + q_1 \dot{\varepsilon}$, $q_1 \geqslant p_1 q_0$	$\dfrac{p_1}{q_1} e^{-\lambda t} + \dfrac{1}{q_0}(1-e^{-\lambda t})$	$\dfrac{q_1 - q_0 p_1}{p_1} e^{-t/p_1} + q_0(1-e^{-t/p_1})$	$\dfrac{q_0 + p_1 q_1 \omega^2}{q_0^2 + q_1^2 \omega^2}$	$-\dfrac{(q_1 - q_0 p_1)\omega}{q_0^2 + q_1^2 \omega^2}$

91

续表 4.1

名称	模型	微分方程或不等式	蠕变柔量 $J(t)$	松弛模量 $Y(t)$	复柔量 $G_1(\omega)$ 实部 $G_1(\omega)$	复柔量 $G_2(\omega)$ 实部 $G_2(\omega)$
三参数流体		$\sigma + p_1\dot\sigma = q_1\dot\varepsilon + q_2\ddot\varepsilon$ $p_1 q_1 > q_2$	$\dfrac{t}{q_1} + \dfrac{p_1 q_1 - q_2}{q_1^2}(1-e^{-\lambda t})$ $\lambda = q_1/q_2$	$\dfrac{q_2}{p_1}\delta(t) + \dfrac{1}{p_1}\left(q_1 - \dfrac{q_2}{p_1}\right)e^{-t/p_1}$	$\dfrac{p_1 q_1 - q_2}{q_1^2 + q_2^2 \omega^2}$	$-\dfrac{q_1 + p_1 q_2 \omega^2}{(q_1^2 + q_2^2 \omega^2)\omega}$
四参数流体		$\sigma + p_1\dot\sigma + p_2\ddot\sigma = q_1\dot\varepsilon + q_2\ddot\varepsilon$ $p_1^2 > 4p_2$ $p_1 q_1 q_2 > p_2 q_1^2 + q_2^2$	$\dfrac{t}{q_1} + \dfrac{p_1 q_1 - q_2}{q_1^2}(1-e^{-\lambda t})$ $+\dfrac{p_2}{q_2}e^{-\lambda t}$ $\lambda = q_1/q_2$	$\dfrac{1}{\sqrt{p_1^2 - 4p_2}}\left[\begin{array}{c}q_1 - q_2 k e^{-\alpha t} \\ -(q_1 - q_2 k)e^{-\beta t}\end{array}\right]\Big|_\beta^\alpha=$ $\dfrac{1}{2p_2}(p_1 \pm \sqrt{p_1^2 - 4p_2})$	$\dfrac{(p_1 q_1 - q_2) + p_2 q_2 \omega^2}{q_1^2 + q_2^2 \omega^2}$	$-\dfrac{q_1 + (p_1 q_2 - p_2 q_1)\omega^2}{(q_1^2 + q_2^2 \omega^2)\omega}$
四参数固体		$\sigma + p_1\dot\sigma + p_2\ddot\sigma = q_0\varepsilon + q_1\dot\varepsilon + q_2\ddot\varepsilon$ $q_2^2 > 4q_0 q_2$ $q_1 p_1 > q_0 p_1^2 + q_2$	$\dfrac{1 - p_1\lambda_1}{q_2\lambda_2(\lambda_2 - \lambda_1)}(1-e^{-\lambda_1 t})$ $-\dfrac{1 - p_1\lambda_2}{q_2\lambda_2(\lambda_1 - \lambda_2)}(1-e^{-\lambda_2 t})$, 其中 λ_1, λ_2 为 $q_2\lambda^2 + q_1\lambda + q_0 = 0$ 的根	$\dfrac{q_2}{p_2}\delta(t) + \dfrac{q_1 p_1 - q_2}{p_1^2} - \dfrac{1}{p_1^2}(q_1 p_1 - q_0 p_1^2 - q_2) \times (1-e^{-t/p_1})$	$\dfrac{q_0 + (p_1 q_1 - q_2)\omega^2 + p_2 q_2 \omega^4}{q_0^2 + (q_1^2 - 2q_0 q_2)\omega^2 + q_2^2 \omega^4}$	$-\dfrac{(q_1 - p_1 q_0)\omega + (q_2 p_0 - p_2 q_1)\omega^2 + p_2 q_2 \omega^3}{q_0^2 + (q_1^2 - 2q_0 q_2)\omega^2 + q_2^2 \omega^4}$

从上述模型分析中,可以得到以下几点结论:

① 黏弹模型的微分型本构方程,其最高阶数等于黏性元件的个数。

② 如果模型中串联有单个弹性元件,则模型具有瞬时弹性。

③ 如果模型中仅串联有黏性元件,则本构方程中仅包含应变对时间 t 的导数,模型在无限大时刻只产生黏性流动,变形可无限发展,且应力能够完全松弛。

④ 黏弹模型可分为固体模型和液体模型,并以应变 ε 的系数 q_0 作为判别条件:如果 q_0 为零,则为液体模型;如果 q_0 不为零,则为固体模型。

⑤ 在构造复杂模型时,可将 Maxwell 和 Kelvin 模型作为基本元件来处理。如果元件采用串联方式,则各元件的应力相等,应变为各元件应变之和;如果元件采用并联方式,则各元件的应变相等,应力为各元件应力之和。

4.5　微分型本构方程

模型理论比较直观地描述了黏弹性材料的力学行为,为了更好地应用模型理论反映材料多种多样的黏弹性力学行为,可定义 Maxwell 模型和 Kelvin 模型的广义形式。这类模型的本构方程都具有类似的数学形式,为有限阶微分方程,因此,也把这类模型的本构方程称为微分型本构方程。由于这些微分型本构方程的拉普拉斯变换具有和虎克定律类似的数学形式,在解决已知弹性力学解结构的黏弹性力学问题时是十分有用的。

4.5.1　广义 Maxwell 模型

广义 Maxwell 模型由有限个 Maxwell 模型体并联而成,如图 4.19 所示。

假设含有 n 个 Maxwell 模型,其本构方程根据应变相等、总应力为各元件应力之和的原则建立,即

$$\sigma = \sum_{i=1}^{n} \sigma_i \qquad ⑯$$

根据 Maxwell 模型的本构关系,当 $i=1,2,\cdots,n$ 时,则

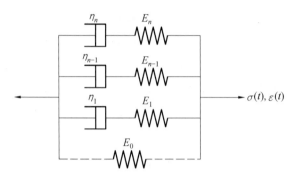

图 4.19　广义 Maxwell 模型

$$\sigma_i + \frac{\eta_i}{E_i}\dot{\sigma}_i = \eta_i\dot{\varepsilon} \qquad ⑰$$

采用积分变换理论,在零初始条件下施加拉氏变换,则式 ⑯ 和式 ⑰ 可改写成如下形式

$$\bar{\sigma} = \sum_{i=1}^{n}\bar{\sigma}_i \qquad ⑱$$

$$\bar{\sigma}_i = \frac{\eta_i s}{1 + \frac{\eta_i}{E_i}s}\bar{\varepsilon} \qquad ⑲$$

若将式 ⑲ 代入式 ⑱,得到

$$\bar{\sigma} = \sum_{i=1}^{n}\frac{\eta_i s}{1 + \frac{\eta_i}{E_i}s}\bar{\varepsilon}$$

对上式进行通分,并重新加以整理,则有如下表达式

$$\prod_{i=1}^{n}\left(1+\frac{\eta_i}{E_i}s\right)\bar{\sigma} = \sum_{i=1}^{n}\left(\prod_{\substack{j=1 \\ i\neq j}}^{n}\left(1+\frac{\eta_j}{E_j}s\right)\right)\eta_i s\bar{\varepsilon} \qquad ⑳$$

当 $n=1$ 时,式 ⑳ 称为

$$\prod_{i=1}^{1}\left(1+\frac{\eta_i}{E_i}s\right)\bar{\sigma} = \left(1+\frac{\eta_1}{E_1}s\right)\bar{\sigma}$$

$$\sum_{i=1}^{1}\left(\prod_{\substack{j=1 \\ i\neq j}}^{1}\left(1+\frac{\eta_j}{E_j}s\right)\right)\eta_i s\bar{\varepsilon} = \eta_1 s\bar{\varepsilon}$$

若当 $A_0^{(1)}=1, A_1^{(1)}=\frac{\eta_1}{E_1}, B_1^{(1)}=\eta_1$,上述两式可改写为下列两式

$$\prod_{i=1}^{1}\left(1+\frac{\eta_i}{E_i}s\right)\bar{\sigma} = (A_0^{(1)} + A_1^{(1)}s)\bar{\sigma}$$

$$\sum_{i=1}^{1}\Big(\prod_{\substack{j=1\\j\neq i}}^{1}\Big(1+\frac{\eta_j}{E_j}s\Big)\Big)\eta_i s\bar{\varepsilon}=B_0^{(1)}s\bar{\varepsilon}$$

当 $n=2$ 时,则有

$$\prod_{i=1}^{2}\Big(1+\frac{\eta_i}{E_i}s\Big)\bar{\sigma}=\Big(1+\frac{\eta_1}{E_1}s\Big)\Big(1+\frac{\eta_2}{E_2}s\Big)\bar{\sigma}=\Big(1+\frac{\eta_2}{E_2}s\Big)(A_0^{(1)}+A_1^{(1)}s)\bar{\sigma}=$$

$$\Big(A_0^{(1)}+\Big(\frac{\eta_2}{E_2}A_0^{(1)}+A_1^{(1)}\Big)s+\frac{\eta_2}{E_2}A_1^{(1)}s^2\Big)\bar{\sigma}$$

$$\sum_{i=1}^{2}\Big(\prod_{\substack{j=1\\j\neq i}}^{2}\Big(1+\frac{\eta_j}{E_j}s\Big)\Big)\eta_i s\bar{\varepsilon}=\Big(\Big(1+\frac{\eta_2}{E_2}s\Big)\eta_1 s+\Big(1+\frac{\eta_1}{E_1}s\Big)\eta_2 s\Big)\bar{\varepsilon}=$$

$$\Big(\Big(1+\frac{\eta_2}{E_2}s\Big)B_1^{(1)}s+(A_0^{(1)}+A_1^{(1)}s)\eta_2 s\Big)\bar{\varepsilon}=$$

$$\Big((\eta_2 A_0^{(1)}+B_1^{(1)})s+\Big(\eta_2 A_1^{(1)}+\frac{\eta_2}{E_2}B_1^{(1)}\Big)s^2\Big)\bar{\varepsilon}$$

若令

$$A_0^{(2)}=A_0^{(1)},\ A_1^{(2)}=\frac{\eta_2}{E_2}A_0^{(1)}+A_1^{(1)},\ A_2^{(2)}=\frac{\eta_2}{E_2}A_1^{(1)}$$

$$B_1^{(2)}=\eta_2 A_0^{(1)}+B_1^{(1)},\ B_2^{(2)}=\eta_2 A_1^{(1)}+\frac{\eta_2}{E_2}B_1^{(1)}$$

则上述两式可改写为

$$\prod_{i=1}^{2}\Big(1+\frac{\eta_i}{E_i}s\Big)\bar{\sigma}=\sum_{k=0}^{2}A_k^{(2)}s^k\bar{\sigma}$$

$$\sum_{i=1}^{2}\Big(\prod_{\substack{j=1\\j\neq i}}^{2}\Big(1+\frac{\eta_j}{E_j}s\Big)\Big)\eta_i s\bar{\varepsilon}=\sum_{k=1}^{2}B_k^{(2)}s^k\bar{\varepsilon}$$

类似地,可以得到更一般的表达式:

$$\begin{cases}\prod_{i=1}^{n}\Big(1+\dfrac{\eta_i}{E_i}s\Big)\bar{\sigma}=\sum_{k=0}^{n}A_k^{(n)}s^k\bar{\sigma}\\ \sum_{i=1}^{n}\prod_{\substack{j=1\\j\neq i}}^{n}\Big(1+\dfrac{\eta_j}{E_j}s\Big)\eta_i s\bar{\varepsilon}=\sum_{k=1}^{n}B_k^{(n)}s^k\bar{\varepsilon}\end{cases}$$

㉑

式中,$A_k^{(n)},B_k^{(n)}$ 可由下列递推公式求得。

当 $i=1,2,3,4,\cdots,n$ 时:

$$A_k^{(i)} = \begin{cases} A_0^{(i-1)} & ,k=0 \\ \dfrac{\eta_i}{E_i}A_{k-1}^{(i-1)} + A_k^{(i-1)} & ,k=1,2,\cdots,i-1 \\ \dfrac{\eta_i}{E_i}A_{k-1}^{(i-1)} & ,k=i \end{cases}$$

$$B_k^{(i)} = \begin{cases} \eta_i A_0^{(i-1)} + B_1^{(i-1)} & ,k=1 \\ \eta_i A_{k-1}^{(i-1)} + \dfrac{\eta_i}{E_i}B_{k-1}^{(i-1)} + B_k^{(i-1)} & ,k=2,3,\cdots,i-1 \\ \eta_i A_{k-1}^{(i-1)} + \dfrac{\eta_i}{E_i}B_{k-1}^{(i-1)} & ,k=i \end{cases}$$

式中　　　　　$A_0^{(1)} = 1, \quad A_1^{(1)} = \dfrac{\eta_1}{E_1}, \quad B_1^{(1)} = \eta_1$

将式㉑代入式⑳中,令

$$p_k = A_k^{(n)}, k=0,1,2,\cdots,n$$
$$q_k = B_k^{(n)}, k=1,2,3,\cdots,n$$

则可得

$$\sum_{k=0}^{n} p_k s^k \overline{\sigma} = \sum_{k=1}^{n} q_k s^k \overline{\varepsilon}$$

对上述表达式施加拉氏反变换,并注意下述拉氏反变换的微分性质

$$L^{-1}[s^k \overline{f}(s)] = \dfrac{d^k}{dt^k}f(t)$$

则可得广义 Maxwell 模型的本构方程

$$\sum_{k=0}^{n} p_k \dfrac{d^k \sigma}{dt^k} = \sum_{k=1}^{n} q_k \dfrac{d^k \varepsilon}{dt^k} \tag{4.34}$$

式中　　　　　$\left(\dfrac{d}{dt}\right)^0 = 1$

广义 Maxwell 模型比较适合描述复杂的应力松弛行为。当输入恒定应变 ε_0 时,可以解得作为应变响应的松弛应力 $\sigma(t)$ 为

$$\sigma(t) = \varepsilon_0 \sum_{i=1}^{n} E_i e^{-\frac{E_i}{\eta_i}t} \tag{4.35}$$

广义 Maxwell 模型具有瞬时弹性和应变无限增长的特性。若在某一个 Maxwell 元件中去掉弹簧,则模型不再具有瞬时弹性;若在某一个 Maxwell 中去掉黏壶,则模型不再具有长期黏性流动变形特性。此时,更

一般的松弛应力的表达式为

$$\sigma(t) = \varepsilon_0 \left(E_0 + \sum_{i=1}^{n} E_i e^{-\frac{E_i}{\eta_i} t} \right) \tag{4.36}$$

式中　E_0——静载弹性模量。

4.5.2　广义 Kelvin 模型

广义 Kelvin 模型由有限个 Kelvin 体串联而成,如图 4.20 所示。

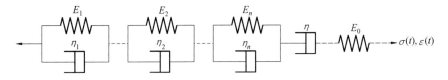

图 4.20　广义 Kelvin 模型

假设其中含有 n 个 Kelvin 体,它的本构方程也根据应力相等、总应变等于各 Kelvin 体应变相加的原则建立,即

$$\varepsilon = \sum_{i=1}^{n} \varepsilon_i \quad \text{㉒}$$

根据 Kelvin 模型的本构关系,当 $i=1,2,\cdots,n$ 时,则

$$\sigma_i = E_i \varepsilon_i + \eta_i \dot{\varepsilon}_i \quad \text{㉓}$$

采用积分变换理论,在零初始条件下施加拉氏变换,则式 ㉒ 和式 ㉓ 可改写成

$$\bar{\varepsilon} = \sum_{i=1}^{n} \bar{\varepsilon}_i \quad \text{㉔}$$

$$\bar{\varepsilon}_i = \frac{\bar{\sigma}}{E_i + \eta_i s} \quad \text{㉕}$$

若将式 ㉕ 代入式 ㉔,得到

$$\bar{\varepsilon} = \sum_{i=1}^{n} \frac{\bar{\sigma}}{E_i + \eta_i s}$$

对上式进行通分,并重新加以整理,则有表达式:

$$\sum_{i=1}^{n} \left(\prod_{\substack{j=1 \\ j \neq i}}^{n} (E_j + \eta_j s) \right) \bar{\sigma} = \prod_{i=1}^{n} (E_i + \eta_i s) \bar{\varepsilon} \quad \text{㉖}$$

当 $n=1$ 时,式 ㉖ 成为

$$\sum_{i=1}^{1}(\prod_{\substack{j=1\\i\neq j}}^{1}(E_j+\eta_j s))\bar{\sigma}=\bar{\sigma}$$

$$\prod_{i=1}^{1}(E_i+\eta_i s)\bar{\varepsilon}=(E_1+\eta_1 s)\bar{\varepsilon}$$

若当 $A_0^{(1)}=1, B_0^{(1)}=E_1, B_1^{(1)}=\eta_1$，上述两式可改写为

$$\sum_{i=1}^{1}(\prod_{\substack{j=1\\i\neq j}}^{1}(E_j+\eta_j s))\bar{\sigma}=A_0^{(1)}\bar{\sigma}$$

$$\prod_{i=1}^{1}(E_i+\eta_i s)\bar{\varepsilon}=(B_0^{(1)}+B_1^{(1)}s)\bar{\varepsilon}$$

当 $n=2$ 时，则有

$$\sum_{i=1}^{2}(\prod_{\substack{j=1\\i\neq j}}^{2}(E_j+\eta_j s))\bar{\sigma}=((E_2+\eta_2 s)+(E_1+\eta_1 s))\bar{\sigma}=$$

$$((E_2+\eta_2 s)A_0^{(1)}+(B_0^{(1)}+B_1^{(1)}s))\bar{\sigma}=$$

$$((E_2 A_0^{(1)}+B_0^{(1)})+(\eta_2 A_0^{(1)}+B_1^{(1)})s)\bar{\sigma}$$

$$\prod_{i=1}^{2}(E_i+\eta_i s)\bar{\varepsilon}=(E_1+\eta_1 s)(E_2+\eta_2 s)\bar{\varepsilon}=(E_2+\eta_2 s)(B_0^{(1)}+B_1^{(1)}s)\bar{\varepsilon}=$$

$$(E_2 B_0^{(1)}+(\eta_2 B_0^{(1)}+E_2 B_1^{(1)})s+\eta_2 B_1^{(1)}s^2)\bar{\varepsilon}$$

若令

$$A_0^{(2)}=E_2 A_0^{(1)}+B_0^{(1)},\ A_1^{(2)}=\eta_2 A_0^{(1)}+B_1^{(1)}$$

$$B_0^{(2)}=E_2 B_0^{(1)},\ B_1^{(2)}=\eta_2 B_0^{(1)}+E_2 B_1^{(1)},\ B_2^{(2)}=\eta_2 B_1^{(1)}$$

则上述两式可改写为

$$\sum_{i=1}^{2}(\prod_{\substack{j=1\\i\neq j}}^{2}(E_j+\eta_j s))\bar{\sigma}=(A_0^{(2)}+A_1^{(2)}s)\bar{\sigma}$$

$$\prod_{i=1}^{2}(E_i+\eta_i s)\bar{\varepsilon}=\sum_{k=0}^{2}B_k^{(2)}s^k\bar{\varepsilon}$$

类似地，可以得到更一般的表达式：

$$\begin{cases}\sum_{i=1}^{n}\prod_{\substack{j=1\\i\neq j}}^{n}(E_j+\eta_j s)\bar{\sigma}=\sum_{k=0}^{n-1}A_k^{(n)}s^k\bar{\sigma}\\ \prod_{i=1}^{n}(E_i+\eta_i s)\bar{\varepsilon}=\sum_{k=0}^{n}B_k^{(n)}s^k\bar{\varepsilon}\end{cases}$$

式中，$A_k^{(n)}, B_k^{(n)}$ 可由下列递推公式求得。

当 $i = 1, 2, 3, 4, \cdots, n$ 时：

$$A_k^{(i)} = \begin{cases} E_i A_0^{(i-1)} + B_0^{(i-1)} & ,k=0 \\ \eta_i A_{k-1}^{(i-1)} + E_i A_k^{(i-1)} + B_k^{(i-1)} & ,k=1,2,\cdots,i-2 \\ \eta_i A_{k-1}^{(i-1)} + B_k^{(i-1)} & ,k=i-1 \end{cases}$$

$$B_k^{(i)} = \begin{cases} E_i B_0^{(i-1)} & ,k=0 \\ \eta_i B_{k-1}^{(i-1)} + E_i B_k^{(i-1)} & ,k=1,2,\cdots,i-1 \\ \eta_i B_{k-1}^{(i-1)} & ,k=i \end{cases}$$

式中 $\qquad A_0^{(1)} = 1, \quad B_0^{(1)} = E_1, \quad B_1^{(1)} = \eta_1$

将式 ㉗ 代入式 ㉖ 中，令

$$p_k = \frac{A_k^{(n)}}{A_0^{(n)}}, k = 0, 1, 2, \cdots, n-1$$

$$q_k = \frac{B_k^{(n)}}{B_0^{(n)}}, k = 0, 1, 2, \cdots, n$$

则可得

$$\sum_{k=0}^{n-1} p_k s^k \bar{\sigma} = \sum_{k=0}^{n} q_k s^k \bar{\varepsilon}$$

对上述表达式施加拉氏反变换，则可得广义 Kelvin 模型的本构方程为

$$\sum_{k=0}^{n-1} p_k \frac{\mathrm{d}^k \sigma}{\mathrm{d} t^k} = \sum_{k=0}^{n} q_k \frac{\mathrm{d}^k \varepsilon}{\mathrm{d} t^k} \tag{4.37}$$

式中 $\qquad \left(\frac{\mathrm{d}}{\mathrm{d}t}\right)^0 = 1$

广义 Kelvin 模型比较适合描述复杂的蠕变行为。当输入恒定应力 σ_0 时，可以解得作为应变响应的松弛应力 $\varepsilon(t)$ 为

$$\varepsilon(t) = \sum_{i=1}^{n} \frac{\sigma_0}{E_i}(1 - \mathrm{e}^{-\frac{E_i}{\eta_i}t}) \tag{4.38}$$

广义 Kelvin 模型不具有瞬时弹性和应变无限增长的特性。若在某一个 Kelvin 体中去掉弹簧，则模型具有应变无限增长的流动特性；若在某一个 Kelvin 体中去掉黏壶，则模型具有瞬时弹性。此时，蠕变应变为

$$\varepsilon(t) = \sigma_0 \left(\frac{1}{E_0} + \frac{t}{\eta_0} + \sum_{i=1}^{n} \frac{1}{E_i}(1 - \mathrm{e}^{-\frac{E_i}{\eta_i}t}) \right) \tag{4.39}$$

对比广义 Maxwell 模型和广义 Kelvin 模型的本构方程，其具有相同的

数学形式,即

$$\sum_{k=0}^{m} p_k \frac{\mathrm{d}^k \sigma}{\mathrm{d} t^k} = \sum_{k=0}^{n} q_k \frac{\mathrm{d}^k \varepsilon}{\mathrm{d} t^k}$$

采用算子

$$P = \sum_{k=0}^{m} p_k \frac{\mathrm{d}^k}{\mathrm{d} t^k}$$

$$Q = \sum_{k=0}^{n} q_k \frac{\mathrm{d}^k}{\mathrm{d} t^k}$$

则这一本构方程可以记为

$$P\sigma = Q\varepsilon \tag{4.40}$$

或

$$\frac{Q}{P} = \frac{\sigma}{\varepsilon} \tag{4.41}$$

注意到与虎克定律

$$E = \frac{\sigma}{\varepsilon}$$

的形式相似性,就可以直接利用某些结构已知的弹性解形式,以式(4.41)代表虎克定律而得到该结构的黏弹性力学解,这也是微分型本构方程的最大优点。

有时,在结构计算中直接使用式(4.40)的拉普拉斯变换形式是十分方便的。此时

$$\sum_{k=0}^{m} p_k s^k \bar{\sigma}(s) = \sum_{j=0}^{n} q_j s^j \bar{\varepsilon}(s)$$

或者采用算子记法

$$P(s)\bar{\sigma}(s) = Q(s)\bar{\varepsilon}(s) \tag{4.42}$$

式中

$$P(s) = \sum_{k=0}^{m} p_k s^k$$

$$Q(s) = \sum_{j=0}^{n} q_j s^j \tag{4.43}$$

第5章 积分型本构模型

5.1 响应函数

5.1.1 蠕变柔量和松弛模量

在 3.3.1 中我们已经定义了蠕变柔量,为了由材料的微分型本构方程求得蠕变柔量 $D(t)$,我们令 $\sigma=\Delta(t)$,根据定义,单位应力下的应变相应就是材料的蠕变柔量,即 $\varepsilon(t)=D(t)$。应用 Laplace 变换求解 $D(t)$ 最为方便,由式(4.43)可知

$$P(s)\bar{\sigma}(s)=Q(s)\bar{\varepsilon}(s)$$

将 $\bar{\sigma}(s)=s^{-1}$ 和 $\bar{\varepsilon}(s)=\bar{D}(s)$ 代入,则有

$$\bar{D}(s)=\frac{P(s)}{sQ(s)} \tag{5.1}$$

将此结果变回到物理平面上,就可得到 $D(t)$。

在 3.3.2 中我们定义了松弛模量 $E(t)$,为了求得 $E(t)$,可令 $\varepsilon(t)=\Delta(t)$,根据定义应有 $\sigma(t)=E(t)$,在式(4.43)的 Laplace 变换式中代入 $\bar{\varepsilon}=s^{-1}$ 和 $\bar{\sigma}=\bar{E}(s)$,则可得

$$\bar{E}(s)=\frac{Q(s)}{sP(s)} \tag{5.2}$$

由此可求得松弛模量 $E(t)$。

根据蠕变柔量和松弛模量的拉氏变换式,则有

$$\bar{D}(s)\bar{E}(s)=\frac{1}{s^2} \tag{5.3}$$

5.1.2 各种流变模型的响应函数

作为例子,我们来讨论如下一些情况:

1. Maxwell 流体模型

Maxwell 流体模型(图 4.6)的本构方程为

$$\sigma + p_1 \dot{\sigma} = q_1 \dot{\varepsilon}$$

其中，$p_1 = \dfrac{\eta}{E}, q_1 = \eta$。

本构方程的 Laplace 变换为

$$(1 + p_1 s)\bar{\sigma} = q_1 \bar{\varepsilon} \qquad ①$$

现在来求松弛模量 $Y(t)$，为此，令 $\varepsilon(t) = \Delta(t)$，则有 $\bar{\varepsilon}(t) = \dfrac{1}{s}$，将之代入式 ① 得

$$\bar{\sigma} = \dfrac{q_1}{1 + p_1 s}$$

做逆变换可得应力响应

$$\sigma(t) = \dfrac{q_1}{p_1} e^{-t/p_1}$$

于是

$$E(t) = \dfrac{q_1}{p_1} e^{-t/p_1}$$

为了求得蠕变柔量 $D(t)$，令 $\sigma(t) = \Delta(t)$，则有 $\bar{\sigma}(s) = \dfrac{1}{s}$，将之代入式 ① 得

$$\bar{\varepsilon} = \left(\dfrac{1 + p_1 s}{q_1 s}\right)\bar{\sigma} = \dfrac{1 + p_1 s}{q_1 s^2}$$

于是

$$D(t) = \dfrac{1}{q_1}(p_1 + t)$$

2. Kelvin 固体模型

Kelvin 固体模型(图 4.9)的本构方程为

$$\sigma = q_0 \varepsilon + q_1 \dot{\varepsilon}$$

其中，$q_0 = E, q_1 = \eta$。本构方程的 Laplace 变换为

$$\bar{\sigma} = (q_0 + q_1 s)\bar{\varepsilon}$$

由(5.2)式可得

$$\overline{E}(s) = \frac{Q(s)}{sP(s)} = \frac{q_0}{s} + q_1$$

作逆变换,可得松弛模量

$$E(t) = q_0 + q_1 \delta(t)$$

由(5.3)式求得

$$\overline{D}(s) = \frac{P(s)}{sQ(s)} = \frac{1}{s(q_0 + q_1 s)}$$

作逆变换,可得蠕变柔量

$$D(t) = \frac{1}{q_0}(1 - \mathrm{e}^{-q_0 t/q_1})$$

3. 六参数无冲击响应固体

六参数无冲击响应固体模型如图 5.1 所示,其本构方程为

$$\sigma + p_1 \dot{\sigma} + p_2 \ddot{\sigma} = q_0 \varepsilon + q_1 \dot{\varepsilon} + q_2 \ddot{\varepsilon} + q_3 \dddot{\varepsilon}$$

根据 $\overline{D}(s) = P(s)/sQ(s)$,可得

$$D(s) = \frac{1 + p_1 \varepsilon + p_2 \varepsilon^2}{s(q_0 + q_1 s + q_2 s^2 + q_3 s^3)}$$

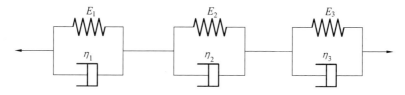

图 5.1 六参数无冲击响应固体模型

如果 $Q(s) = 0$ 的根已知,则可将上式分解成部分分式。为此令

$$q_0 + q_1 s + q_2 s^2 + q_3 s^3 = q_3(s - \lambda_1)(s - \lambda_2)(s - \lambda_3)$$

于是

$$\overline{D}(s) = \frac{1}{q_3 s}\left(\frac{a_1}{s - \lambda_1} + \frac{a_2}{s - \lambda_2} + \frac{a_3}{s - \lambda_3}\right)$$

其中

$$\begin{cases} a_1 = \dfrac{1 + p_1 \lambda_1 + p_2 \lambda_1^2}{(\lambda_1 - \lambda_2)(\lambda_1 - \lambda_3)} \\[2mm] a_2 = \dfrac{1 + p_1 \lambda_2 + p_2 \lambda_2^2}{(\lambda_2 - \lambda_1)(\lambda_2 - \lambda_3)} \\[2mm] a_3 = \dfrac{1 + p_1 \lambda_3 + p_2 \lambda_3^2}{(\lambda_3 - \lambda_1)(\lambda_3 - \lambda_2)} \end{cases}$$

作逆变换,可得蠕变柔量

$$D(t)=\frac{1}{q_3}\sum_{i=1}^{3}\frac{a_i}{-\lambda_i}(1-\mathrm{e}^{\lambda_i t})$$

4. 松弛时间谱和推迟时间谱

对于 m 个 Maxwell 单元并联组成的广义 Maxwell 模型(图 4.19),其应力松弛模量为

$$E(t)=E_0+\sum_{i=1}^{m}E_i\mathrm{e}^{-(t/\rho_i)} \qquad ②$$

其中,$\rho_i=\eta_i/E_i$ 为第 i 个 Maxwell 单元的松弛时间。如果模型由无穷多个 Maxwell 单元并联而成,则 ρ_i 称为连续分布且 E_i 趋于无限小。若引入一个连续函数 $f(\tau)$,用 $f(\tau)\mathrm{d}\tau$ 这个权重函数代替 E_i,则上述求和变成积分形式

$$E(t)=E_0+\int_0^\infty f(\tau)\mathrm{e}^{-t/\tau}\mathrm{d}\tau=E_0+\varphi(t) \qquad (5.4)$$

式中　$f(\tau)$——松弛时间分布函数或者松弛时间谱,它是一种谱密度,$f(\tau)\mathrm{d}\tau$ 表明了松弛时间处在 τ 到 $(\tau+\mathrm{d}\tau)$ 之间的 Maxwell 单元对应力松弛的贡献。

类似地,对于 n 个 Kelvin 单元并联组成的广义 Kelvin 模型(图 4.20),其应力松弛模量为

$$D(t)=D_0+\frac{t}{\eta}+\sum_{j=1}^{n}D_j(1-\mathrm{e}^{-(t/\tau_j)}) \qquad ③$$

式中　$\tau_j=\eta_j/E_j$——第 j 个 Kelvin 单元的松弛时间。

对无穷多个 Kelvin 单元组成的 Kelvin 链,有

$$D(t)=D_0+\frac{t}{\eta}+\int_0^\infty D(\tau')(1-\mathrm{e}^{-t/\tau'})\mathrm{d}\tau'=D_0+\frac{t}{\eta}+\psi(t) \qquad (5.5)$$

式中　$D(\tau')$——推迟时间分布函数或推迟时间谱;

$D(\tau')\mathrm{d}\tau'$ 表明推迟时间处在 τ' 到 $(\tau'+\mathrm{d}\tau')$ 之间的 Kelvin 单元对蠕变的贡献。

5.2　卷 积 定 理

卷积是在拉氏变换中很重要的性质,它不仅被用来求某些函数的反变

换和一些积分值,而且在线性系统分析中起着重要的作用。

5.2.1 卷积的概念

1. 定义

设 $f_1(t), f_2(t)$ 为已知函数,则下述积分

$$\int_0^t f_1(x) f_2(t-x) \mathrm{d}x$$

称为函数 $f_1(t)$ 与 $f_2(t)$ 的卷积,也有人称为折积,记作

$$f_1(t) * f_2(t) = \int_0^t f_1(x) f_2(t-x) \mathrm{d}x \tag{5.6}$$

2. 性质

(1) 卷积服从交换律,即

$$f_1(t) * f_2(t) = f_2(t) * f_1(t)$$

【证】 根据卷积的定义,则有

$$f_1(t) * f_2(t) = \int_0^t f_1(x) f_2(t-x) \mathrm{d}x$$

若令 $\tau = t - x$,则可得

$$x = t - \tau, \mathrm{d}x = -\mathrm{d}\tau$$

当 $x = 0$ 时,$\tau = t$;当 $x = t$ 时,$\tau = 0$,故有

$$f_1(t) * f_2(t) = \int_t^0 f_1(t-\tau) f_2(\tau) \mathrm{d}\tau = \int_0^t f_2(\tau) f_1(t-\tau) \mathrm{d}\tau = f_2(t) * f_1(t)$$

(2) 卷积还服从分配律,即

$$f_1(t) * \Big(\sum_{k=2}^n f_k(t)\Big) = \sum_{k=2}^n f_1(t) * f_k(t)$$

式中　n——大于 1 的有限自然数。

应用举例:求函数 $f(t) = t$ 和 $g(t) = \sin(t)$ 的卷积。

解法一

$$f(t) * g(t) = \int_0^t x \sin(t-x) \mathrm{d}x = \int_0^t x \mathrm{d}\cos(t-x) =$$

$$x \cos(t-x) \Big|_0^t - \int_0^t \cos(t-x) \mathrm{d}x =$$

$$t + \sin(t-x) \Big|_0^t = t - \sin t$$

解法二

$$g(t) * f(t) = \int_0^t (t-x)\sin x \, dx = -\int_0^t (t-x) d\cos x =$$

$$-(t-x)\cos x \Big|_0^t - \int_0^t \cos x \, dx =$$

$$t - \sin x \Big|_0^t = t - \sin t$$

上两式的结果相一致,这从实例中证明卷积服从交换律。

5.2.2 卷积定理

设 $L[f_1(t)] = \overline{f}_1(p), L[f_2(t)] = \overline{f}_2(p)$,则有

$$L[f_1(t) * f_2(t)] = \overline{f}_1(p) * \overline{f}_2(p) \tag{5.7}$$

或

$$L^{-1}[\overline{f}_1(p) * \overline{f}_2(p)] = f_1(t) * f_2(t) \tag{5.8}$$

下面证明式(5.7)。

【证】 根据拉氏变换的定义,则有

$$L[f_1(t) * f_2(t)] = \int_0^\infty \left(\int_0^t f_1(x) f_2(t-x) dx \right) e^{-pt} dt$$

从上述积分式可以看出,积分区域如图 5.2 所示(阴影部分),由于二重积分绝对可积,可以交换积分次序,即

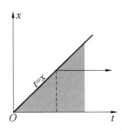

图 5.2 积分区域

$$L[f_1(t) * f_2(t)] = \int_0^\infty f_1(x) \left[\int_x^\infty f_2(t-x) e^{-pt} dt \right] dx$$

若令 $\tau = t - x, d\tau = dt$,当 $t = x$ 时,$\tau = 0$;当 $t = \infty$ 时,$\tau = \infty$,则可得

$$\int_x^\infty f_2(t-x) e^{-pt} dt = \int_0^\infty f_2(\tau) e^{-p(\tau+x)} d\tau = e^{-px} \overline{f}_2(p)$$

将这个结果代入上式,则有

$$L[f_1(t) * f_2(t)] = \int_0^\infty f_1(x)\overline{f}_2(p)\mathrm{e}^{-px}\mathrm{d}x =$$

$$\overline{f}_2(p)\int_0^\infty f(x)\mathrm{e}^{-px}\mathrm{d}x =$$

$$\overline{f}_1(p) * \overline{f}_2(p)$$

卷积定理证明，两个函数卷积的拉式变换等于这两个函数拉氏变换的乘积。在拉氏变换的应用中，它起着十分重要的作用。

下面证明式(5.8)。

【证】 根据拉氏变换的反演公式，则有

$$L^{-1}[\overline{f}_1(p)\overline{f}_2(p)] = \frac{1}{2\pi \mathrm{i}}\int_{\beta-\mathrm{i}\infty}^{\beta+\mathrm{i}\infty} \overline{f}_1(p)\overline{f}_2(p)\mathrm{e}^{pt}\mathrm{d}p =$$

$$\frac{1}{2\pi \mathrm{i}}\int_{\beta-\mathrm{i}\infty}^{\beta+\mathrm{i}\infty} \overline{f}_1(p)\mathrm{e}^{pt}\mathrm{d}p\int_0^\infty f_2(x)\mathrm{e}^{-px}\mathrm{d}x =$$

$$\int_0^\infty f_2(x)\mathrm{d}x \frac{1}{2\pi \mathrm{i}}\int_{\beta-\mathrm{i}\infty}^{\beta+\mathrm{i}\infty} \overline{f}_1(p)\mathrm{e}^{(t-x)p}\mathrm{d}p =$$

$$\int_0^\infty f_1(t-x)f_2(x)\mathrm{d}x = \int_0^\infty f_1(x)f_2(t-x)\mathrm{d}x$$

又因 $t-x<0$，即 $t<x$ 时，则有 $f_2(t-x)=0$，故可得

$$L^{-1}[\overline{f}_1(p)\overline{f}_2(p)] = \int_0^t f_1(x)f_2(t-x)\mathrm{d}x$$

这个公式表明，若象函数可以分解为两个函数的乘积，则其拉氏反变换等于这两个象函数相应的象原函数的卷积，这也是求拉氏反变换的一种方法。

举例说明：已知 $f_1(t)=t$，$f_2(t)=\sin t$，求卷积 $f_1(t) * f_2(t)$ 的拉氏变换。

【解】 根据拉氏变换的定义，则有

$$\overline{f}_1(p) = \int_0^\infty t\mathrm{e}^{-pt}\mathrm{d}t = \frac{1}{p^2}$$

$$\overline{f}_2(p) = \int_0^\infty \sin t\mathrm{e}^{-pt}\mathrm{d}t = \frac{1}{p^2+1}$$

根据卷积定理，则可得

$$L[f_1(t) * f_2(t)] = \frac{1}{p^2(p^2+1)}$$

若 $\bar{f}(p) = \dfrac{p^2}{(p^2+1)^2}$,求 $f(t)$。

【解】 设 $\bar{f}_1(p) = \bar{f}_2(p) = \dfrac{p^2}{(p^2+1)^2}$,则有

$$\bar{f}(p) = \bar{f}_1(p)\bar{f}_2(p)$$

$$f_1(t) = f_2(t) = L^{-1}\left[\dfrac{p}{p^2+1}\right] = \cos t$$

根据卷积定理,则有

$$f(t) = L^{-1}[\bar{f}_1(p)\bar{f}_2(p)] = L^{-1}\left[\dfrac{p}{p^2+1} \cdot \dfrac{p}{p^2+1}\right] =$$

$$f_1(t) * f_2(t) = \cos t * \cos t = \int_0^t \cos x \cos(t-x)\,dx$$

根据三角函数关系式

$$\cos \alpha * \cos \beta = \dfrac{1}{2}(\cos(\alpha+\beta) + \cos(\alpha-\beta))$$

当 $\alpha = x, \beta = t - x$ 时,则上式可改为

$$f(t) = \dfrac{1}{2}\int_0^t (\cos t + \cos(2x-t))\,dx = \dfrac{1}{2}\left(x\cos t + \dfrac{1}{2}\sin(2x-t)\right)\Big|_0^t =$$

$$\dfrac{1}{2}\left(t\cos t + \dfrac{1}{2}(\sin t - \sin(-t))\right) = \dfrac{1}{2}(t\cos t + \sin t)$$

即

$$f(t) = \dfrac{1}{2}(t\cos t + \sin t)$$

5.2.3 Stieltjes 卷积定理

设函数 $f(t)$ 在 $0 \leqslant t < \infty$ 上连续,且当 $t < 0$ 时,有 $f(t) = 0$;$g(t)$ 是定义于 $-\infty \leqslant t < \infty$ 上的函数,且当 $t \to -\infty$ 时,$g(t) \to 0$,利用 Riemann-Stieltjes 积分定义卷积 $f * dg$ 如下:

$$f * dg = \int_{\tau=-\infty}^{t} f(t-\tau)dg(\tau) \tag{5.9}$$

若 $f(t)$ 和 $g(t)$ 都是在 $0 \leqslant t < \infty$ 上连续,而且当 $t < 0$ 时也有 $g(t) = 0$,则式(5.9)还可表示为

$$f * dg = f(t)g(o) + \int_{\tau=0}^{t} f(t-\tau)\frac{\partial g(\tau)}{\partial \tau}d\tau \tag{5.10}$$

5.3 积分型本构方程

由式(3.15)可知,Boltzmann加和性原理的数学式亦可表示为

$$\varepsilon(t) = D(t)\sigma_0 + \int_0^t D(t-\tau)\frac{d\sigma(\tau)}{d\tau}d\tau \tag{5.11a}$$

式(5.11a)其实质上就是蠕变型本构方程。

若将上式中右端第二项进行分部积分,并注意下述关系式

$$\frac{dD(t-\tau)}{d\tau} = -\frac{dD(t-\tau)}{d(t-\tau)}$$

则可得

$$\int_0^t D(t-\tau)\frac{d\sigma(\tau)}{d\tau}d\tau = D(t-\tau)\sigma(\tau)\Big|_0^t + \int_0^t \sigma(\tau)\frac{dD(t-\tau)}{d(t-\tau)}d\tau =$$

$$D(0)\sigma(t) - D(t)\sigma(0) + \int_0^t \sigma(\tau)\frac{dD(t-\tau)}{d(t-\tau)}d\tau$$

因$\sigma(0)=\sigma_0$,将上式代入式(5.11a),则可得

$$\varepsilon(t) = D(0)\sigma(t) + \int_0^t \sigma(\tau)\frac{dD(t-\tau)}{d(t-\tau)}d\tau$$

或

$$\varepsilon(t) = D(0)\sigma(t) - \int_0^t \sigma(\tau)dD(t-\tau) \tag{5.11b}$$

从上述两式可以看出,式(5.11a)将初始荷载σ_0所引起的应变与其后荷载增量所引起的应变分开,且总应变为这两者应变之和,式(5.11b)则表示t时刻$\sigma(t)$产生的应变与应力历程所引起的蠕变之和。尽管两式表现形式不一样,但它们是等价的积分表达式。

蠕变型本构方程还可以表示为其他表达式,使之应用起来更加方便。

如果$\tau<0$时,有$\sigma(\tau)=0$,则把积分下限移至$\tau=-\infty$不会改变其积分值。采用这种方法,可得到下述积分表达式

$$\varepsilon(t) = \int_{-\infty}^{t} D(t-\tau)\frac{d\sigma(\tau)}{d\tau}d\tau \tag{5.11c}$$

又当$\tau>t$时,有$D(t-\tau)=0$,故可将上两式的积分上限移至$\tau=\infty$,也不会对积分值产生任何影响。由此可得

$$\varepsilon(t) = \int_{-\infty}^{\infty} D(t-\tau) \frac{\mathrm{d}\sigma(\tau)}{\mathrm{d}\tau} \mathrm{d}\tau \qquad (5.11\mathrm{d})$$

此外,采用卷积表示的蠕变型本构方程为

$$\varepsilon(t) = D(t) * \mathrm{d}\sigma(t) \text{ 或 } \varepsilon(t) = \sigma(t) * \mathrm{d}D(t) \qquad (5.11\mathrm{e})$$

上述积分表达式均为蠕变型本构方程。如果已知材料的蠕变函数,且给定随时间变化的应力 $\sigma(t)$,则可根据这些方程求得应变响应。也就是说,即可描述材料的蠕变过程。不过,这里所说的蠕变过程不单单是指常应力 σ_0 下的简单蠕变。同理,如果已知试件的应变随时间变化的函数(应变历程),则应力的变化规律可表示为下列积分表达式

$$\sigma(t) = Y(t)\varepsilon_0 + \int_0^t Y(t-\tau) \frac{\mathrm{d}\varepsilon(\tau)}{\mathrm{d}\tau} \mathrm{d}\tau$$

$$\sigma(t) = Y(t)\varepsilon_0 + \int_{\tau=0}^t Y(t-\tau) \mathrm{d}\varepsilon(\tau)$$

$$\sigma(t) = Y(0)\varepsilon(t) + \int_0^t \varepsilon(\tau) \frac{\mathrm{d}Y(t-\tau)}{\mathrm{d}(t-\tau)} \mathrm{d}\tau$$

$$\sigma(t) = Y(0)\varepsilon(t) - \int_{\tau=0}^t \varepsilon(\tau) \mathrm{d}Y(t-\tau)$$

$$\sigma(t) = \int_{-\infty}^t Y(t-\tau) \frac{\mathrm{d}\varepsilon(\tau)}{\mathrm{d}\tau} \mathrm{d}\tau$$

$$\sigma(t) = \int_{\tau=-\infty}^t Y(t-\tau) \mathrm{d}\varepsilon(\tau)$$

$$\sigma(t) = \int_{-\infty}^{\infty} Y(t-\tau) \frac{\mathrm{d}\varepsilon(\tau)}{\mathrm{d}\tau} \mathrm{d}\tau$$

$$\sigma(t) = \int_{\tau=-\infty}^{\infty} Y(t-\tau) \mathrm{d}\varepsilon(\tau)$$

$$\sigma(t) = Y(t) * \mathrm{d}\varepsilon(\tau)$$

$$\sigma(t) = \varepsilon(\tau) * \mathrm{d}Y(t)$$

上述各式均为松弛型本构方程的积分表达式。

根据微分型本构方程和积分型本构方程的分析,可以采用两条途径求得黏弹性材料的一维本构方程。

根据模型理论,求得微分型本构方程。

根据蠕变试验或松弛试验的实验曲线,得到积分型本构方程。

值得指出的是,微分型本构关系和积分型本构关系是等价的方程式。

对于同一种材料,它们都应该表现出相同的物性关系,只是两者的表达形式不同而已。

我们用下面例子来解释蠕变型遗传积分和松弛型遗传积分的应用。

① 考虑如图 5.3(a) 所示的应力历史,确定 Maxwell 杆中的应变。

在 $t < t_1$ 范围内,$\sigma_0 = 0$,$\sigma = \sigma_1 \dfrac{t}{t_1}$。对于 Maxwell 材料,其蠕变柔量为 $D(t) = \dfrac{p_1 + t}{q_1}$。根据遗传积分(5.11b)可得

$$\varepsilon(t) = \frac{\sigma_1 t}{t_1} \cdot \frac{p_1}{q_1} + \frac{\sigma_1}{t_1} \int_0^t t' \cdot \frac{1}{q_1} \mathrm{d}t' = \frac{\sigma_1}{q_1 t_1}(p_1 t + \frac{t^2}{2})$$

对于 $t > t_1$,积分必须分为两部分

$$\varepsilon(t) = \sigma_1 \cdot \frac{p_1}{q_1} + \frac{\sigma_1}{t_1} \int_0^{t_1} t' \cdot \frac{1}{q_1} \mathrm{d}t' + \sigma_1 \int_{t_1}^t \frac{1}{q_1} \mathrm{d}t' =$$

$$\frac{\sigma_1}{q_1}(p_1 - \frac{t_1}{2} + t)$$

如果总应力 σ_1 是在 $t = t_1$ 时刻突然加上去的(图(5.3b)),那么应变应为

$$\varepsilon(t) = \sigma_1 D(t - t_1) = \frac{\sigma_1}{q_1}(p_1 + t - t_1)$$

它是比较小的。

但是,如果应力 σ_1 是在 $t = 0$ 时刻突然加上去的(图(5.3c)),则有

$$\varepsilon(t) = \sigma_1 D(t) = \frac{\sigma_1}{q_1}(p_1 + t)$$

它是比较大的。

由以上 3 种加载历史之间的差别而产生的应变差别,不管时间多长,总是不会完全消失的。

② 应力历史仍如图 5.3 所示,确定 Kelvin 杆中的应变。

对于 Kelvin 材料,其蠕变柔量 $D(t) = \dfrac{1}{q_0}(1 - \mathrm{e}^{-\lambda t})$,$\lambda = \dfrac{q_0}{q_1}$,我们将得到和 Maxwell 杆十分不同的结果。在 $t > t_1$ 时,对于如图 5.3(a) 所示的应力历史,我们有

$$\varepsilon(t) = \frac{\sigma_1}{t_1 q_1} \int_0^{t_1} t' \exp\left[-\frac{q_0(t - t')}{q_1}\right] \mathrm{d}t' + \frac{\sigma_1}{q_1} \int_{t_1}^t \exp\left[-\frac{q_0(t - t')}{q_1}\right] \mathrm{d}t' =$$

$$\frac{\sigma_1}{q_0}\left[1 + \frac{q_1}{q_0 t_1}(1 - \mathrm{e}^{-\lambda t_1}) \mathrm{e}^{-\lambda t}\right]$$

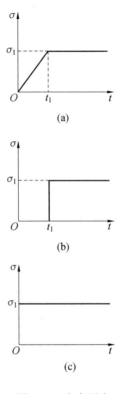

图 5.3 应力历史

当 $t \to \infty$ 时,上式趋向于 $\varepsilon = \sigma_1/q_0$。

如果应力 σ_1 在 $t = t_1$ 时刻突然施加,则有

$$\varepsilon(t) = \sigma_1 D(t - t_1) = \sigma_1 \cdot \frac{1}{q_0} [1 - e^{-\lambda(t-t_1)}]$$

如果 σ_1 在 $t = 0$ 时刻突然增加,则有

$$\varepsilon(t) = \sigma_1 D(t) = \sigma_1 \cdot \frac{1}{q_0} (1 - e^{-\lambda t})$$

当 $t \to \infty$ 时,后两种情况都可得到同样的极限

$$\lim_{t \to \infty} \varepsilon(t) = \frac{\sigma_1}{q_0}$$

这说明,对于 Kelvin 材料,由应力历史的差别而产生的应变差别在时间足够长以后消失了,Kelvin 材料最终变现出应力和应变的一一对应关系,即弹性后效。以上两例指出了流体和固体性质的典型差别。

第6章 黏弹材料的动态力学行为

研究材料在周期性变化的应力或应变作用下响应的试验称为动态力学试验。黏弹性材料在实际应用中经常受到周期性的荷载作用,用动态力学试验可以进一步分析黏弹材料的性能,测试方法也比较简易,所以它是很重要的一种研究黏弹材料力学性能的方法。

6.1 振动荷载输入与响应

为了研究动态荷载作用下材料的力学行为,我们采用两个实验:其一是取代蠕变实验,将交变应力 $\sigma = \sigma_0 \sin \omega t$ 作用到试件上来求应变;其二是取代应力松弛实验,将交变应变 $\varepsilon = \varepsilon_0 \sin \omega t$ 施于试件而求应力。

6.1.1 施以交变应变时材料的应力响应

设有一应变是圆频率为 ω 的正弦函数(图6.1(a))

$$\varepsilon(t) = \varepsilon_0 \sin \omega t$$

下面我们来讨论不同的材料对正弦应变的响应。对于线弹性体,应力和应变是在瞬时就建立平衡的,所以

$$\sigma(t) = E\varepsilon(t) = \varepsilon_0 E \sin \omega t = \sigma_0 \sin \omega t \tag{6.1}$$

即应力与应变具有相同的频率,相位角也相同,振幅为 $\sigma_0 = \varepsilon_0 E$(图6.1(b))。

对于线性黏性流体,根据牛顿定律

$$\sigma(t) = \eta\dot{\gamma} = \eta \mathrm{d}\varepsilon(t)/\mathrm{d}t = \varepsilon_0 \eta \omega \cos \omega t = \varepsilon_0 \eta \omega \sin\left(\omega t + \frac{\pi}{2}\right) \tag{6.2}$$

可见,对线性黏性流体,$\sigma(t)$ 与 $\varepsilon(t)$ 具有相同频率,但相位相差 $\frac{\pi}{2}$,应变滞后于应力 $90°$,振幅为 $\varepsilon_0 \eta \omega$(图6.1(c)),与频率大小有关。$\sigma(t)$ 与 $\dot{\gamma}$ 则是同

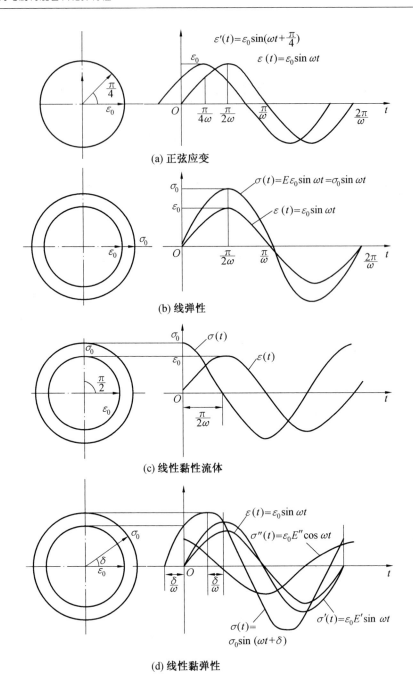

图 6.1 不同材料的动态力学试验响应

相的。

对于线性黏弹性体,应力史 $\sigma(t)$ 决定于时刻 t 之前的全部应变史,根据 Boltzmann 叠加原理

$$\sigma(t) = \int_{-\infty}^{t} E(t-\tau) \frac{\mathrm{d}\varepsilon(\tau)}{\mathrm{d}\tau} \mathrm{d}\tau$$

或

$$\sigma(t) = \int_{0}^{\infty} E(s) \frac{\mathrm{d}\varepsilon(t-s)}{\mathrm{d}(t-s)} \mathrm{d}s \quad \text{①}$$

$$\varepsilon(t-s) = \varepsilon_0 \sin \omega(t-s)$$

$$\frac{\mathrm{d}\varepsilon(t-s)}{\mathrm{d}(t-s)} = \varepsilon_0 \omega \cos \omega(t-s) = \varepsilon_0 \omega (\cos \omega t \cos \omega s + \sin \omega t \sin \omega s) \quad \text{②}$$

将 $E(t) = [E_0] + \Phi(t)$ 代入式 ① 得

$$\sigma(t) = \int_{0}^{\infty} ([E_0] + \Phi(s)) \frac{\mathrm{d}\varepsilon(t-s)}{\mathrm{d}(t-s)} \mathrm{d}s =$$

$$E_0 \varepsilon_0 + \int_{0}^{\infty} \Phi(s) \frac{\mathrm{d}\varepsilon(t-s)}{\mathrm{d}(t-s)} \mathrm{d}s$$

将式 ② 代入上式有

$$\sigma(t) = \varepsilon_0 \left([E_0] + \omega \int_{0}^{\infty} (\Phi(s) \sin \omega s \, \mathrm{d}s) \sin \omega t + \omega \int_{0}^{\infty} (\Phi(s) \cos \omega s \, \mathrm{d}s) \cos \omega t \right)$$

通常我们测定的是在稳态,即 s 趋于 ∞ 时的应变和应力,所以我们有

$$\sigma(t) = \varepsilon_0 (E'(\omega) \sin \omega t + E''(\omega) \cos \omega t) \tag{6.3}$$

式中

$$E'(\omega) = [E_0] + \omega \int_{0}^{\infty} (E(t) - [E_0]) \sin \omega t \, \mathrm{d}t \tag{6.4}$$

$$E''(\omega) = \omega \int_{0}^{\infty} (E(t) - [E_0]) \cos \omega t \, \mathrm{d}t \tag{6.5}$$

对于黏弹性液体,在方括号中的 $E_0 = 0$,对黏弹性固体,方括号中的 E_0 不为 0。由式(6.3)、(6.4)、(6.5)可见应力松弛函数 $\sigma(t)$ 可认为由两部分组成,即

$$\sigma'(t) = \varepsilon_0 E'(\omega) \sin \omega t = E'(\omega) \varepsilon(t) \tag{6.6}$$

$$\sigma''(t) = \varepsilon_0 E''(\omega) \cos \omega t \tag{6.7}$$

式(6.6)说明 $\sigma'(t)$ 与 $\varepsilon(t)$ 同相位、同频率,但振幅为 $\varepsilon_0 E'(\omega)$。这说明 $E'(\omega)$ 表示黏弹性体的弹性,它与频率有关。由于它说明线性黏弹性体贮

能的大小,所以称为贮能模量(Storage modulus)。

将式(6.7)与式(6.2)做比较,可见 $\sigma''(t)$ 表示线性黏弹性体中的黏性,它与应变同频率,相位差 90°,振幅为 $\varepsilon_0 E''(\omega)$(图 6.1(d))。对于线性黏性流体,振幅为 $\varepsilon_0 \eta \omega$,由式(6.2)可见 $E''(\omega)$ 有黏度的含义,即

$$E''(\omega) = \eta'(\omega)\omega \tag{6.8}$$

$$\eta'(\omega) = E''(\omega)/\omega \tag{6.9}$$

式中 $\eta'(\omega)$ ——动态力学剪切黏度(Dynamic shear viscosity)。

可以证明,对黏弹性液体,当 $\omega \to 0$ 时,$\eta'(0)$ 等于零剪切黏度 η_0。由式(6.8)和式(6.7)

$$\sigma''(t) = \varepsilon_0 \eta'(\omega)\omega \cos \omega t = \eta'(\omega)\mathrm{d}\varepsilon(t)/\mathrm{d}t$$

于是有

$$\sigma(t) = E'(\omega)\varepsilon(t) + \eta'(\omega)\mathrm{d}\varepsilon(t)/\mathrm{d}t \tag{6.10}$$

由上式可见,在一定意义上,可以说,在动态力学试验中,线性黏弹体是介于线弹性体和线性黏性流体之间的一种材料。但是必须记住,线性黏弹性的主要特征是在给定时刻的应力决定于时刻 t 之前的全部应变史,而不决定于在此时刻的应变。$E''(\omega)$ 称为耗能模量(Loss shear modulus)。

在动态力学试验中,除了 $E'(\omega)$ 和 $E''(\omega)$ 外,还要引进两个量,即相位角正切 $\tan \delta$ 和动态模量 $E(\omega)$。

对线性弹性体,施加正弦变化的应变,其应力也是正弦变化的函数,频率相同,但相位比应变早 δ,即可以用下式表示应力松弛,即

$$\sigma(t) = \sigma_0 \sin(\omega t + \delta) \tag{③}$$

式中 σ_0 ——振幅。

用下式定义动态模量 $E(\omega)$,有

$$E(\omega) = \sigma_0/\varepsilon_0 \tag{6.11}$$

展开式 ③

$$\sigma(t) = \sigma_0 \cos \delta \sin \omega t + \sigma_0 \sin \delta \cos \omega t$$

与式(6.3)做比较则有

$$E'(\omega) = \frac{\sigma_0}{\varepsilon_0}\cos \delta = E(\omega)\cos \delta \tag{6.12}$$

$$E''(\omega) = \frac{\sigma_0}{\varepsilon_0}\sin \delta = E(\omega)\sin \delta \tag{6.13}$$

$$\tan\delta = E''(\omega)/E'(\omega) \tag{6.14}$$

$$E(\omega) = ((E'(\omega))^2 + (E''(\omega)^2))^{\frac{1}{2}} \tag{6.15}$$

δ 为应力和应变波之间的相位差，是频率 ω 的函数，通常称 $\tan\delta$ 为相位角正切。

有时用复数来表示三角函数，这仅是为了演算上的方便。例如 $\varepsilon(t) = \varepsilon_0 \sin\omega t$ 可以用复数

$$\varepsilon^* = \varepsilon_0 e^{i\omega t} = \varepsilon_0(\cos\omega t + i\sin\omega t)$$

的虚部来表示，即

$$\varepsilon(t) = \mathrm{Im}\{\varepsilon_0 e^{i\omega t}\} = \mathrm{Im}\{\varepsilon^*\}$$

同样，$\sigma_0 \sin(\omega t + \delta)$ 可表示为

$$\sigma(t) = \mathrm{Im}\{\sigma_0 e^{i(\omega t + \delta)}\} = \mathrm{Im}\{\sigma^*\}$$

用下式定义复数模量

$$\begin{aligned}E^*(\omega) &= \sigma^*/\varepsilon^* = (\sigma_0/\varepsilon_0)e^{i\delta} = \sigma_0/\varepsilon_0(\cos\delta + i\sin\delta) = \\ &= E(\omega)(\cos\delta + i\sin\delta) = \\ &= E'(\omega) + iE''(\omega)\end{aligned} \tag{6.16}$$

可见复数模量 $E^*(\omega)$ 的模量即为动态模量。

$$|E^*(\omega)| = E(\omega) = ((E'(\omega))^2 + (E''(\omega))^2)^{\frac{1}{2}} \tag{6.17}$$

其相位角为 δ。

6.1.2 施以交变应力时材料的应变响应

对正弦变化的应力

$$\sigma(t) = \sigma_0 \sin\omega t$$

则应变也是正弦变化的函数，但相位滞后于应力 δ，即

$$\varepsilon(t) = \varepsilon_0 \sin(\omega t - \delta) = \varepsilon_0(\cos\delta\sin\omega t - \sin\delta\cos\omega t)$$

定义动态柔量 $D(\omega)$：

$$D(\omega) = \varepsilon_0/\sigma_0 = 1/E(\omega) \tag{6.18}$$

则有

$$D'(\omega) = D(\omega)\cos\delta \tag{6.19}$$

$$D''(\omega) = D(\omega)\sin\delta \tag{6.20}$$

式中 $D'(\omega), D''(\omega)$ —— 贮能剪切柔量和耗能剪切柔量。

如用复数表示法则有

$$\sigma^* = \sigma_0 e^{i\omega t}$$

$$\varepsilon^* = \varepsilon_0 e^{i(\omega t - \delta)}$$

$$D^* = \varepsilon^*/\sigma^* = 1/E^* = (\varepsilon_0/\sigma_0) e^{i\delta} =$$

$$D(\omega)(\cos\delta - i\sin\delta) =$$

$$D'(\omega) - iD''(\omega) \tag{6.21}$$

$$|D^*| = ((D'(\omega))^2 + (D''(\omega))^2)^{\frac{1}{2}} = D(\omega) \tag{6.22}$$

同样,根据 Boltzmann 叠加原理,可以得到贮能剪切柔量及耗能剪切柔量和静态蠕变柔量 $D(t)$ 之间的关系。

对黏弹性固体:

$$D'(\omega) = D_e - \omega\int_0^\infty (D_e - D(t))\sin\omega t\,dt \tag{6.23}$$

$$D''(\omega) = \omega\int_0^\infty (D_e - D(t))\cos\omega t\,dt \tag{6.24}$$

对黏弹性液体:

$$D'(\omega) = D_e^0 - \omega\int_0^\infty (D_e^0 - D(t) + t/\eta)\sin\omega t\,dt \tag{6.25}$$

$$D''(\omega) = 1/\omega\eta + \omega\int_0^\infty (D_e^0 - D(t) + t/\eta)\cos\omega t\,dt \tag{6.26}$$

对于黏弹性固体,$1/\eta$ 为零。

6.1.3 振动荷载下黏弹材料的能耗

对于黏弹性材料,输入交替循环的应力时,其响应的应变仍然是交替循环的,但通常发生所谓的滞后现象。加载过程的应力-应变曲线与卸载过程的应力-应变曲线形成如图 6.2 所示首尾相接的环线,一般称为滞后环线。

我们知道,外力所做的功使材料内部积累了一定的能量,这一能量的大小可以用应力-应变曲线下的面积代表。显然,在交替循环的应力作用下,加载过程得到的能量与卸载过程释放的能量并不平衡,前者大于后者。二者的面积差即滞后环线所包围的面积,代表一个加载循环过程中材料能量损耗,称为耗散能。计算公式如下:

$$w_i = \int\sigma(t)d\varepsilon(t) = \int\sigma(t)\frac{d\varepsilon(t)}{dt}dt \tag{6.27}$$

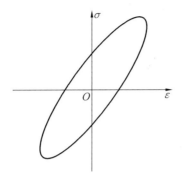

图 6.2 滞后环线

以应力输入 $\sigma(t)=\sigma_0\sin\omega t$ 为例,响应为 $\varepsilon(t)=\varepsilon_0\sin(\omega t-\delta)$,则
$$\dot{\varepsilon}(t)=\omega\varepsilon_0\cos(\omega t-\delta)$$

代入式(6.27)得

$$w_i=\int_0^T\sigma_0\sin\omega t\,\omega\varepsilon_0\cos(\omega t-\delta)\,\mathrm{d}t=$$

$$\int_0^T\sigma_0\varepsilon_0\omega\cos\delta\sin\omega t\cos\omega t\,\mathrm{d}t+\int_0^T\sigma_0\varepsilon_0\omega\sin\delta\sin\omega t\sin\omega t\,\mathrm{d}t=$$

$$\sigma_0\varepsilon_0\cos\delta\frac{\sin^2\omega t}{2}\bigg|_0^T+\sigma_0\varepsilon_0\sin\delta\left(\frac{\omega}{2}+\frac{\sin 2\omega t}{4}\right)\bigg|_0^T=$$

$$\pi\sigma_0\varepsilon_0\sin\delta=\pi\sigma_0^2 J''=\pi\varepsilon_0^2 E''$$

(6.28)

黏弹性材料具有时间依赖性,利用 Schapery 提出的弹性 — 黏弹性理论,用伪应力、伪应变替代物理应力和应变,可以消除其时间依赖性,将黏弹性问题转化为弹性问题。

对于均一的各向同性材料,线性黏弹性应力可以表示为

$$\sigma(t)=\int_0^t E(t-\tau)\frac{\mathrm{d}\varepsilon(\tau)}{\mathrm{d}\tau}\mathrm{d}\tau \qquad ④$$

根据 Schapery 提出的相应理论,伪应变定义为

$$\varepsilon_R=\frac{1}{E_R}\int_0^t E(t-\tau)\frac{\mathrm{d}\varepsilon(\tau)}{\mathrm{d}\tau}\mathrm{d}\tau \qquad (6.29)$$

根据伪应变的定义,式 ④ 的应力可以表示为

$$\sigma=E_R\varepsilon_R \qquad (6.30)$$

如图 6.3 所示,采用伪应变后,荷载作用初期伪应变与应力呈线性关

系。每个循环下应力、伪应变所包围的面积为耗散伪应变能。

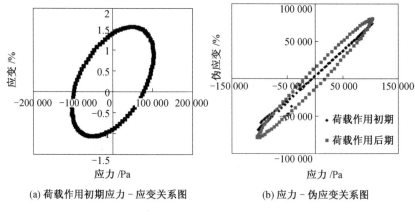

(a) 荷载作用初期应力-应变关系图 (b) 应力-伪应变关系图

图 6.3 应力-应变与应力-伪应变对比图

6.2 黏弹模型对于交变应力的响应

下面讨论输入交变应力时基本黏弹元件的响应。

在交变应力模式中,最简单的形式是正弦波。我们将以正弦波交变应力的输入来定义各种响应函数。

1. [H] 体的振动

在虎克弹性材料的本构方程 $\sigma = E\varepsilon$ 中代入作为输入的交变应力 $\sigma_0 \mathrm{e}^{\mathrm{i}\omega t}$,则响应的应变 ε 和应变速率 $\dot{\varepsilon}$ 分别为

$$\left. \begin{array}{l} \varepsilon = \dfrac{\sigma_0}{E} \mathrm{e}^{\mathrm{i}\omega t} \\ \dot{\varepsilon} = i \dfrac{\sigma_0}{E} \omega \mathrm{e}^{\mathrm{i}\omega t} \end{array} \right\} \quad (6.31)$$

可以用矢量图来简便地表示输入的交变应力和响应的交变应变。在矢量图中,一般将应力作为基准轴,并使其与实轴方向一致。[H] 体的矢量图如图 6.4(a) 所示。由式(6.31) 和图 6.4(a) 可知,[H] 体的应变与应变速率为与交变应力周期相同的正弦波,应变矢量与应力矢量方向相同,表明这种材料不存在加荷变形过程中的能量损耗。两周期相同的正弦波之间的位差称为相位差或相位角,应变速度矢量比应力矢量快 90°,其相位角为 90°。

2. $[N]$ 体的振动

在牛顿内摩擦定律 $\dot{\varepsilon}=\sigma/\eta$ 中代入作为输入的交变应力矢量 $\sigma_0 e^{i\omega t}$，则

$$\left.\begin{aligned}\dot{\varepsilon}&=\frac{\sigma_0}{\eta}e^{i\omega t}\\ \varepsilon&=-i\frac{\sigma_0}{\omega\eta}e^{i\omega t}\end{aligned}\right\} \quad (6.32)$$

如图 6.4(b) 所示，应变矢量落后应力矢量 90°，应变速率矢量与应力矢量同一相位角。因此，牛顿流体在交变应力作用下，外部功全部作为热能被损耗。

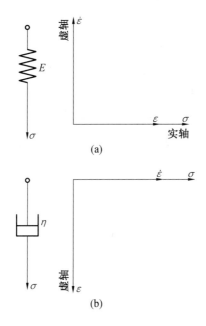

图 6.4　交变应力的响应矢量图

3. $[M]$ 体的振动及动力响应函数

在 $[M]$ 体的本构方程

$$\frac{\sigma}{\eta}+\frac{\dot{\sigma}}{E}=\dot{\varepsilon}$$

代入交变应力 $\sigma_0 e^{i\omega t}$，得到

$$\dot{\varepsilon}=\left(\frac{1}{\eta}+i\frac{\omega}{E}\right)\sigma_0 e^{i\omega t} \quad (6.33)$$

因此

$$\varepsilon = \frac{\sigma_0}{\mathrm{i}\omega}\left(\frac{1}{\eta}+\frac{\mathrm{i}\omega}{E}\right)\mathrm{e}^{\mathrm{i}\omega t} = \frac{1}{E}\left(1-\frac{\mathrm{i}}{\omega\tau_r}\right)\sigma_0\mathrm{e}^{\mathrm{i}\omega t} =$$

$$\frac{1}{E}\sqrt{1+\frac{1}{\omega^3\tau_r^3}}\sigma_0\mathrm{e}^{(\mathrm{i}\omega-\delta)} = \varepsilon_0\mathrm{e}^{\mathrm{i}\omega-\delta}\omega \tag{6.34}$$

式中

$$\tan\delta = \frac{1}{\omega\tau_r}(\tau_r = \eta/E)$$

或

$$\delta = \tan^{-1}\frac{1}{\omega\tau_r}$$

上式表明，交变应力以角频率 ω 振动时，响应的应变波也具有相同的振动频率，但应力矢量与应变矢量的位相相差 δ 单位。在初始时刻 $t=0$ 时

$$\delta = \sigma_0, \varepsilon = \varepsilon_0\mathrm{e}^{-\mathrm{i}\delta} \quad (右极限)$$

图 6.5 为 $[M]$ 体的交变应力响应矢量图，应变矢量与应力矢量之间具有一个 $0°<\delta<90°$ 的夹角，表明交变应力作用下的外力功一部分被贮存，一部分被消耗。按照这样定义的相位角 δ，我们可以得到结论：对于理想弹性体 $[H]$，$\delta=0$；对于纯黏性液体，$\delta=\frac{\pi}{2}$；对于所有的黏弹性材料，有且只能有 $0<\delta<\frac{\pi}{2}$。

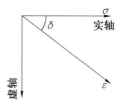

图 6.5 $[M]$ 体的交变应力响应矢量图

复数模量表示为

$$E^* = \frac{\sigma}{\varepsilon} = \frac{\sigma_0\mathrm{e}^{\mathrm{i}\omega t}}{\frac{1}{E}\left(1-\frac{\mathrm{i}}{\omega\tau_r}\right)\sigma_0\mathrm{e}^{\mathrm{i}\omega t}} = E\frac{\omega^2\tau_r^2+\mathrm{i}\omega\tau_r}{1+\omega^2\tau_r^2} = E'+\mathrm{i}E'' \tag{6.35}$$

其实部为

$$E' = E\frac{\omega^2\tau_r^2}{1+\omega^2\tau_r^2}$$

虚部为

$$E'' = E \frac{\omega \tau_r}{1 + \omega^2 \tau_r^2}$$

[M]体的复数黏度为

$$\eta^* = \frac{\sigma}{\varepsilon} = \frac{1}{\mathrm{i}\omega} \frac{\sigma}{\varepsilon} = \frac{1}{\mathrm{i}\omega} E^* = \frac{E''}{\omega} - \mathrm{i}\frac{E'}{\omega} = \eta' - \mathrm{i}\eta'' \quad (6.36)$$

复数柔量 D^* 为

$$D^* = \frac{1}{E^*} = \frac{\varepsilon}{\sigma} = \frac{1}{E} - \mathrm{i}\frac{1}{\omega \tau_r E} = \frac{1}{E} - \mathrm{i}\frac{1}{\omega \eta} = D' - \mathrm{i}D'' \quad (6.37)$$

其实部与虚部分别为

$$\left. \begin{array}{l} D' = \dfrac{1}{E} \\ D'' = \dfrac{1}{\omega \eta} \end{array} \right\}$$

容易证明,在各振动响应函数之间,存在如下的换算关系:

$$\left. \begin{array}{l} E' = \dfrac{D'}{D'^2 + D''^2}, E'' = \dfrac{D''}{D'^2 + D''^2} \\ D' = \dfrac{E'}{E'^2 + E''^2}, D'' = \dfrac{E''}{E'^2 + E''^2} \\ \eta' = \dfrac{E''}{\omega}, \eta'' = \dfrac{E'}{\omega} \end{array} \right\} \quad (6.38)$$

4. [K]的振动响应

在[K]体的本构方程中代入交变应变,有

$$\varepsilon = \varepsilon_0 \mathrm{e}^{\mathrm{i}\omega t}$$

$$\sigma = E(1 + \mathrm{i}\omega \tau_r)\varepsilon_0 \mathrm{e}^{\mathrm{i}\omega t} = E\sqrt{1 + \omega^2 \tau_r^2} \varepsilon_0 \mathrm{e}^{\mathrm{i}(\omega t + \delta)} \quad (6.39)$$

式中

$$\tan \delta = \omega \tau_r, \delta = \tan^{-1} \omega \tau_r$$

响应的应力与交变的频率相同,但应力提前了 δ 单位的位相。

复数柔量为

$$D^* = \frac{\varepsilon}{\sigma} = \frac{1}{E} \frac{1}{1 + \mathrm{i}\omega \tau_r} = \frac{1}{E} \frac{1 - \mathrm{i}\omega \tau_r}{1 + \omega^2 \tau_r^2} = D' - \mathrm{i}D'' \quad (6.40)$$

其实部、虚部分别为

$$D' = \frac{1}{E} \frac{1}{1 + \omega^2 \tau_r^2}, D'' = \frac{1}{E} \frac{\omega \tau_r}{1 + \omega^2 \tau_r^2}$$

复数模量为

$$E^* = \frac{1}{D^*} = \frac{\sigma}{\varepsilon} = E(1+i\omega\tau_r) = E + i\omega\eta = E' + iE'' \quad (6.41)$$

$$E' = E, E'' = \omega\eta$$

各函数之间存在与[M]体相同的换算关系。

6.3 黏弹性特征函数的换算关系

6.3.1 黏弹性特征函数

在介绍各类函数之间的数学换算关系之前,有必要将前面述及的黏弹性特征函数归并总结如下。

1. 松弛系的特征函数

$$\sigma(t) = \varepsilon_0(E_0 + \Phi(t))$$

松弛弹性模量为

$$E(t) = \frac{\sigma(t)}{\varepsilon_0} = E_0 + \Phi(t)$$

式中　E_0——静弹性模量;

　　　$\Phi(t)$——松弛函数。

复数模量为

$$E^*(\omega) = E'(\omega) + iE''(\omega)$$

2. 蠕变系的特征函数

$$\varepsilon(t) = \sigma_0(D_0 + \psi(t) + t/\eta)$$

蠕变柔量为

$$D(t) = \frac{\varepsilon(t)}{\sigma_0} = D_0 + \psi(t) + t/\eta$$

式中　D_0——瞬时柔量;

　　　$\psi(t)$——蠕变函数。

复数柔量为

$$D^*(\omega) = D'(\omega) - iD''(\omega)$$

6.3.2 复数模量与松弛函数的关系

复数模量、贮能剪切模量、耗能弹性模量与松弛函数的关系为

$$E'(\omega) = [E_0] + \omega \int_0^\infty (E(t) - [E_0]) \sin \omega t \, dt$$

$$E''(\omega) = \omega \int_0^\infty (E(t) - [E_0]) \cos \omega t \, dt$$

$$E^*(\omega) = [E_0] + \omega \int_0^\infty (E(t) - [E_0]) \sin \omega t \, dt + i\omega \int_0^\infty (E(t) - [E_0]) \cos \omega t \, dt$$

下面讨论以松弛谱的形式来表示复数模量：

定义 $E(t) - [E_0]$ 是函数 $N(s)$ 的拉氏变换，即

$$E(t) - [E_0] = L[N(s)] = \overline{N}(t) = \int_0^\infty N(s) e^{-st} ds \tag{6.42}$$

函数 $N(s)$ 定义为松弛谱。松弛谱还可以变换为其他形式。设 $s = 1/\tau$，τ 是松弛时间。

$$E(t) - [E_0] = \int_0^\infty N(1/\tau) e^{-t/\tau} (-1/\tau^2) \, d\tau =$$

$$\int_0^\infty (N(1/\tau)/\tau^2) e^{-t/\tau} d\tau$$

定义

$$F(\tau) = N(1/\tau)/\tau^2 \tag{6.43}$$

则

$$E(t) - [E_0] = \int_0^\infty F(\tau) e^{-t/\tau} d\tau \tag{6.44}$$

再定义

$$H(t) = F(\tau) \cdot \tau \tag{6.45}$$

则

$$E(t) - [E_0] = \int_{-\infty}^\infty H(\tau) e^{-t/\tau} d(\ln \tau) \tag{6.46}$$

式中 $N(s), F(\tau), H(\tau)$——松弛谱。

由式(6.4)已经知道

$$E'(\omega) - [E_0] = \omega \int_0^\infty (E(t) - [E_0]) \sin \omega t \, dt$$

将式(6.42)代入上式，有

$$E'(\omega) - [E_0] = \omega \int_0^\infty N(s) \left(\int_0^\infty \sin \omega t \, e^{-st} dt \right) ds$$

括弧中的积分为 $\sin \omega t$ 的拉氏变换，即

$$E'(\omega) - [E_0] = \int_0^\infty N(s)\omega^2/(s^2+\omega^2)\,\mathrm{d}s$$

$$s = 1/\tau,\ N(s)\mathrm{d}s = F(\tau)\mathrm{d}\tau = H(\tau)\mathrm{d}\ln\tau$$

所以

$$E'(\omega) - [E_0] = \int_{-\infty}^\infty H(\tau)\frac{\omega^2\tau^2}{1+\omega^2\tau^2}\mathrm{d}\ln\tau \tag{6.47}$$

耗能模量 $E''(\omega)$ 为

$$E''(\omega) = \omega\int_0^\infty (E(t) - [E_0])\cos\omega t\,\mathrm{d}t$$

将式(6.40)代入上式,则

$$E''(\omega) = \omega\int_0^\infty N(s)\left(\int_0^\infty \cos\omega t\,\mathrm{e}^{-st}\mathrm{d}t\right)\mathrm{d}s$$

上式括弧中的积分为 $\cos\omega t$ 的拉氏变换,即

$$E''(\omega) = \int_0^\infty N(s)\frac{s\omega}{\omega^2+s^2}\mathrm{d}s = \int_{-\infty}^\infty H(\tau)\frac{\omega\tau}{1+\omega^2\tau^2}\mathrm{d}\ln\tau \tag{6.48}$$

6.3.3 复数蠕变柔量与延迟函数的关系

复数蠕变柔量、贮能剪切柔量及耗能剪切柔量与延迟函数的关系:

对黏弹性固体:

$$D'(\omega) = D_e - \omega\int_0^\infty (D_e - D(t))\sin\omega t\,\mathrm{d}t$$

$$D''(\omega) = \omega\int_0^\infty (D_e - D(t))\cos\omega t\,\mathrm{d}t$$

对黏弹性液体:

$$D'(\omega) = D_e^0 - \omega\int_0^\infty (D_e^0 - D(t) + t/\eta)\sin\omega t\,\mathrm{d}t$$

$$D''(\omega) = 1/\omega\eta + \omega\int_0^\infty (D_e^0 - D(t) + t/\eta)\cos\omega t\,\mathrm{d}t$$

下面讨论以延迟谱的形式来表示动态柔量:

定义 $\psi(\infty) - \psi(t)$ 为函数 $n(q)$ 的拉氏变换,即

$$\psi(\infty) - \psi(t) = \int_0^\infty n(q)\mathrm{e}^{-qt}\mathrm{d}q \tag{6.49}$$

其中

$$\psi(\infty) = J_e^0 - J_0$$

令 $q = 1/\lambda$,λ 为推迟时间。令 $f(\lambda) = n(1/\lambda)/\lambda^2$,则有

$$\psi(\infty) - \psi(t) = \int_0^\infty f(\lambda) \mathrm{e}^{-t/\lambda} \mathrm{d}\lambda \tag{6.50}$$

令 $L(\lambda) = \lambda f(\lambda)$，则

$$\psi(\infty) - \psi(t) = \int_{-\infty}^\infty L(\lambda) \mathrm{e}^{-t/\lambda} \mathrm{d}\ln \lambda \tag{6.51}$$

式中 $n(q), f(\lambda), L(\lambda)$——延迟谱。

当 $t=0$ 时，$\psi(0) = 0$，$\mathrm{e}^{-t/\lambda} = 1$，因此

$$\psi(\infty) = \int_0^\infty f(\lambda) \mathrm{d}\lambda = \int_{-\infty}^\infty L(\lambda) \mathrm{d}\ln \lambda$$

代入式(6.51)得

$$\psi(t) = D(t) - D_0 - [t/\eta] = \int_{-\infty}^\infty L(\lambda) \mathrm{d}\ln \lambda - \int_{-\infty}^\infty L(\lambda) \mathrm{e}^{-t/\lambda} \mathrm{d}\ln \lambda$$

整理后有

$$D(t) = D_0 + [t/\eta] + \int_{-\infty}^\infty L(\lambda)(1 - \mathrm{e}^{-t/\lambda}) \mathrm{d}\ln \lambda \tag{6.52}$$

不连续的推迟谱，即并联的 Kelvin-Voigt 模型的蠕变柔量为

$$D(t) - D_0 - [t/\eta] = \sum^p D_i(1 - \mathrm{e}^{-t/\lambda_i}) \tag{6.53}$$

同样，可以证明

$$f(\lambda) = \sum^p D_i(\lambda - \lambda_i)$$

可见在定义 $f(\lambda), L(\lambda)$ 时的 λ 为推迟时间。

由式(6.23)可知

$$D'(\omega) = D_e - \omega \int_0^\infty (\psi(\infty) - \psi(t)) \sin \omega t \, \mathrm{d}t$$

将式(6.53)代入上式得

$$D'(\omega) = D_0 + \int_{-\infty}^\infty L(\lambda) \frac{1}{\omega^2 \lambda^2 + 1} \mathrm{d}\ln \lambda \tag{6.54}$$

$$D''(\omega) = [1/\omega\eta] + \omega \int_0^\infty (\psi(\omega) - \psi(t)) \cos \omega t \, \mathrm{d}t$$

将式(6.54)代入上式得

$$D''(\omega) = [1/\omega\eta] + \int_{-\infty}^\infty L(\lambda) \frac{\omega\lambda}{\omega^2 \lambda^2 + 1} \mathrm{d}\ln \lambda \tag{6.55}$$

6.3.4 松弛系和蠕变系之间的换算

利用线性叠加原理，可以得到松弛函数与蠕变函数之间的换算关系，

其推导主要依据拉普拉斯变换的数学理论。此处,我们仅给出结论,即

$$\int_0^t D(\tau)E(t-\tau)\mathrm{d}\tau = t \tag{6.56a}$$

或者

$$\int_0^t E(\tau)D(t-\tau)\mathrm{d}\tau = t \tag{6.56b}$$

6.4 时温等效

6.4.1 时间温度换算

由于黏弹材料的力学行为受到黏性分量的影响,黏性流动变形是时间的函数,因此这类材料的力学响应也成为时间的函数。同样,由于黏弹材料的流动特性还是依赖温度的函数,其力学行为也和温度有关。前面两章中已经在黏弹力学行为与时间之间建立了各种特征函数定义和它们的本构关系,现在来研究特征函数与温度之间的依赖关系。

在黏弹材料的试验研究中,常常需要改变温度条件来测定材料的特征函数。在研究工作中不难发现,不同温度、不同时间条件下试验测定得到的特征函数曲线形状大致相同。以图6.6中所示的松弛弹性模量实测曲线为例,在温度 T_0,T_1,T_2 条件下分别得到图示的实测松弛弹性模量曲线 $E(T_0,t)$,$E(T_1,t)$ 和 $E(T_2,t)$。如果将温度 T_1 时的测定曲线 $E(T_1,t)$ 向左移动,$\log t_1 - \log t_0 = \log \alpha_{T_1-T_0}$,则将与 $E(T_0,t)$ 曲线相互重合。类似地,也可以将曲线 $E(T_2,t)$ 向左移动,$\log t_2 - \log t_0 = \log \alpha_{T_2-T_0}$,温度 T_0,T_2 下测定得到的两条曲线同样可以大致重叠。采用更一般的记法:

$$\frac{t_2}{t_1} = \alpha_T \tag{6.57}$$

上述的叠合关系可以记作:

$$E(T_1,t) = E(T_2,t/\alpha_T) \tag{6.58}$$

式(6.58)表明,黏弹性材料的特征函数既是时间的函数,也是温度的函数,在时间因子和温度因子之间存在一定的换算关系,这样的换算关系称为时间-温度换算法则。有了这样的换算方法,就可以将黏弹力学中应

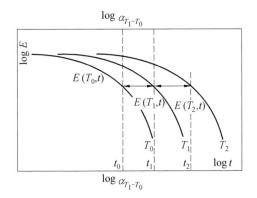

图 6.6　不同温度下测得的松弛弹性模量曲线

力－应变－时间－温度的四维空间问题简化为应力－应变－时间或应力－应变－温度的三维空间问题加以研究。换句话说，在黏弹性力学行为的数学空间中，时间和温度是可以相互代换的非独立变量。

更重要的是由于时间－温度可以相互换算，这为试验研究提供了极大的方便。在沥青路面技术研究领域中，沥青路面材料经历的温度变化范围极大，施工过程中经历的温度变化可以从其拌和时的 160 ℃ 到终碾时的 80 ℃，使用过程中的温度变化则可以从夏季的 60 ℃ 以上高温，一直跨越到冬季寒冷地区 －30 ℃ 以下的低温范围。另一方面，沥青路面不仅承受 10^{-2} s 量级的瞬时车轮荷载，在道路陡坡处也可能承受数十小时的荷载作用时间。对于这样广泛的温度变化范围和时间变化范围，即使采用最现代的试验设备和研究手段，也很难完成沥青与沥青混合料这类材料在各种条件下力学行为的直接测定。时间－温度换算法则是解决这类问题的有效手段。由于改变材料的试验温度比无限延长试验的观测时间更为方便有效，多数研究都在大致相同的时间历程内改变温度进行试验观测。

图 6.7 中给出了一种沥青混合料在大致相同的时间范围内改变温度测定得到的一组松弛弹性模量曲线。选择其中任意一个温度作为基准，例如以 T_0 作为基准温度，将其他各温度 T_i 下的测定曲线按照前述的方法左右平行移动 $\log \alpha_{T_i}$，即得到图 6.7 中粗实线所得到的温度 T_0 条件下超出测定时间范围的变形系数曲线。将不同温度条件下的测定曲线按照时间－温度换算法则移动后合成的某一温度黏弹性特征函数曲线，通常被称为该特征函数的主曲线。显然，这样得到的主曲线时间范围远远超过实测时间

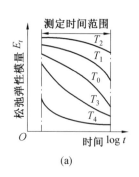

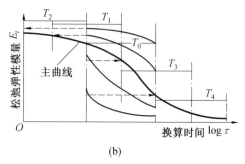

图 6.7　时间－温度换算法则的应用示例

范围,是由不同温度条件下的测定结果按照时间－温度换算法则换算得到的,这时的特征函数时间历程并非试验测定经历的真实历程,通常将其称为换算时间。沿换算时间坐标轴平行移动的距离 $\log \alpha_T$ 称为该温度相应于基准温度的移位因子。进一步将这一温度条件下的主曲线按各不同温度对应的移位因子 $\log \alpha_{T_i}$ 移动,就可以得到多种温度下该特征函数各自的主曲线。这样得到的包括不同温度的多条主曲线称为主曲线族。

6.4.2　WLF 公式

时间－温度换算法则最早是依赖于试验观测结果和经验方法建立起来的。这一重要法则是否具有理论依据,是否能够找到它的一般数学关系,是否能在它的数学表达与所依据的理论之间建立必要的联系,这些重要的问题对时间－温度换算法则的可靠性与应用具有重要影响。

1955 年,由化学家 M. L. Williams,R. F. Lanbel 和 J. D. Ferry 共同提出了以他们名字第一个字母组合命名的 WLF 公式

$$\log \alpha_T = \frac{-C_1(T-T_g)}{C_2+T-T_g} \tag{6.59}$$

WLF 公式以无定形聚合物的玻璃态脆化点温度 T_g 作为基准温度,在玻璃态脆化点处 $\alpha_T=1$, $\log \alpha_T=0$。尽管不同聚合物 C_1,C_2 值略有不同,在 WLF 公式中确定 $C_1=17.4$, $C_2=51.6$,这样的 $\log \alpha_T - T$,即移位因子的温度关系示于图 6.8 中。

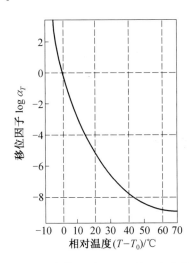

图 6.8 移位因子 $\log \alpha_T$ 的温度曲线

下面讨论 WLF 公式的理论依据,将再次强调黏弹性材料力学行为对于温度的依赖性是由它的黏性流动分量决定的。根据分子热力学理论,可以证明

$$\frac{T_0 \eta(T) \rho_0}{T \eta(T) \rho} = \alpha_T \quad (6.60)$$

式中 　 $\eta(T)$,$\eta(T_0)$——温度 T 和 T_0 时的黏度;

ρ,ρ_0——温度 T 和 T_0 时的密度。

α_T 为不同温度下黏度间的变换系数,即移位因子。对高聚物来说,近似地认为

$$\frac{T_0 \rho_0}{T \rho} = 1$$

因此

$$\eta(T)/\eta(T_0) \cong \alpha_T \quad (6.61)$$

液体的黏性流动与自由体积和活化能有关,在超过玻璃态脆化点后活化能逐渐趋近于常数,而自由体积随温度增加。依照 Doolittle 方程,半经

验地有

$$\ln \eta = \ln A + B\left(\frac{V-V_t}{V_t}\right) \quad (6.62)$$

式中 A, B——体系中的常数；

V——体系的总体积；

V_t——体系所具有的自由体系。

记自由体积分数 $f = V_t/V$，式(6.62)可以记为

$$\ln \eta = \ln A + B\left(\frac{1}{f} - 1\right) \quad (6.63)$$

如图 6.9 所示，在低于玻璃态脆化点温度时，自由体积分数 f 接近常数。当温度高于玻璃态脆化点时，自由体积分数随温度升高线性增加，可以记作

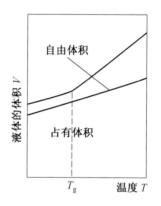

图 6.9 自由体积分数与温度

$$f = f_g + \alpha_t (T - T_g) \quad (6.64)$$

式中 f_g——玻璃态脆化点时的自由体积；

α_t——温度高于 T_g 时的自由体积分数的热膨胀系数。

将式(6.64)代入式(6.63)并经整理，得到

$$\ln \eta(T) = \ln A + B\left(\frac{1}{f_g + \alpha_t(T - T_g)} - 1\right)$$

在 T_g 时

$$\ln \eta(T_g) = \ln A + B\left(\frac{1}{f_g} - 1\right)$$

二式相减，得到

$$\ln\frac{\eta(T)}{\eta(T_\mathrm{g})} = B\left(\frac{1}{f_\mathrm{g} + \alpha_t(T-T_\mathrm{g})} - \frac{1}{f_\mathrm{g}}\right)$$

简化上式,有

$$\ln\frac{\eta(T)}{\eta(T_\mathrm{g})} = \log \alpha_T = -\frac{B}{f_\mathrm{g}}\left(\frac{T-T_\mathrm{g}}{f_\mathrm{g}/\alpha_t + T - T_\mathrm{g}}\right) \tag{6.65}$$

在式(6.65)中,令 $C_1 = B/f_\mathrm{g}$,$C_2 = g/\alpha_t$,则与 WLF 公式取得完全一致的描述形式。因此,WLF 公式是依赖于 Doolittle 公式以及玻璃态脆化点时自由体积线性膨胀的假定建立的,它是一个半经验半理论的公式。

特别需要指出的是,WLF 公式的理论基础决定这一公式只在玻璃态脆化点以上温度范围内有效,只有在略微低于玻璃态脆化点以上的温度范围内才使用这一公式进行时间-温度换算。另外,$\frac{T_0\rho_0}{T\rho} = 1$ 的假定对于多数黏弹性材料来说也难以完全一致。因此,通常认为 WLF 公式的适用温度范围为

$$T = T_\mathrm{g} + 100$$

并不是所有的高分子材料都满足上述的时间-温度换算法则,在黏弹性材料力学性能研究中,满足 WLF 公式,可以进行时间-温度换算的材料被称为单纯流变物质。

WLF 公式具有确定的理论依据,并且在试验研究中具有重要的应用价值。但是,在应用 WLF 公式解决实际问题时,必须预先知道材料的玻璃态脆化点问题 T_g。可以说 T_g 是黏弹性材料研究中最重要和最基础的材料常数,在有些研究者看来,黏弹性材料的其他固有常数都是依赖于 T_g 的。

T_g 的物理测量并不十分复杂,但是测量结果依赖于测定中的降温(或升温)速度。许多研究结果说明,降温速度每降低 10 倍,测定得到的玻璃态脆化点温度变动 3 ℃ 左右,这就使得 WLF 公式的应用受到很大的限制。为了避免玻璃态脆化点物理意义与测定结果多歧性之间的矛盾,研究中可以使用另一种形式的 WLF 公式。定义 WLF 公式中使 $C_1 = 8.86$,$C_2 = 101.6$ 时的温度为基准温度 T_s,式(6.59)变为

$$\log \alpha_T = \frac{-8.86(T-T_\mathrm{s})}{101.6 + T - T_\mathrm{s}} \qquad ④$$

显然,这样定义的基准温度是一个参变量,与材料的固有常数定义无关。作为大致的换算关系,$T_s = T_g + 50$。

在试验研究中,仍然会遇到 T_s 未知的问题,而且测量选取的温度不是连续的,一般为等间隔的间断序列,不一定包含 T_s 温度。因此,常常选取实际温度序列中的某一个温度 T_0 作为参考温度,将其他温度序列下测得的特征函数移动到 T_0 温度处。此时,记参照温度到基准温度的移位因子为

$$\log \alpha_{T_0} = \frac{-8.86(T_0 - T_s)}{101.6 + T_0 - T_s} \quad ⑤$$

记任意温度向参照温度移动的移位因子为 $\log \alpha'_{T_0}$,比较式 ④ 和式 ⑤,可以得到

$$\log \alpha'_{T_0} = \log \alpha_T - \log \alpha_{T_0} = -C_1 C_2 \frac{-(T - T_0)}{(C_2 + T - T_s)(C_2 + T_0 - T_s)}$$
(6.66)

在式(6.66)中,$\log \alpha'_{T_0}$ 可以由各温度向参照温度移动时实测得到,T_0 为预先选定的温度,此式成为关于 T_s 的二次方程。在解得的两个根中,经验地选择适合 $T_s = T_g + 50$ 温度范围的一个根作为 T_s,即可以利用式 ④ 求得相对于基准温度 T_s 的移位因子。按照这样的方法,由于每选定一个温度即可得到一个基准温度计算值,对于选定 $n+1$ 个温度的情形,将得到 n 个基准温度。考虑试验误差的影响,这 n 个计算基准温度不可能相等,通常选择其统计均值作为该条件下的基准温度代入式 ④ 中应用。同时,这 n 个计算基准温度的方差也可以用来评价试验结果的可靠性。

6.4.3 Arrhenius 公式

流体对于温度的依赖性可以用安德拉得(Andrade)方程描述,即

$$\eta = A \cdot e^{\frac{E}{RT}} \quad (6.67)$$

式中　　E——流体的活化能;

　　　　R——气体常数;

　　　　T——绝对温度;

　　　　A——材料常数。

之前已经证明

$$\eta(T)/\eta(T_0) \cong \alpha_T$$

这样，可以得出

$$\alpha_T \approx e^{\frac{E}{R}\left(\frac{1}{T}-\frac{1}{T_0}\right)} \tag{6.68}$$

式(6.68)是基于 Andrade 理论建立的时间温度换算因子计算公式，通常称之为 Arrhenius 公式。与 WLF 公式不同，Arrhenius 公式中的活化能对于沥青材料来说，大约在相当于软化点温度两侧发生转折。因此，在低于软化点的温度范围内，Arrhenius 公式中的材料常数不依赖于温度变化。

为便于计算，常采用 Arrhenius 公式的数学解析形式，将其取对数后，有

$$\ln \alpha_T = k_1 \left(\frac{1}{T}-\frac{1}{T_0}\right)$$

近年来，Arrhenius 公式在沥青、沥青混合料或者沥青路面低温问题研究中得到相当广泛的应用[13]。应用 Arrhenius 公式时需要确定沥青或者沥青混合料在该状态下的活化能，并需要通过实验测定材料参数 A。也有一些研究仅在形式上采用式(6.68)，忽略 E/R 的物理意义并将其作为经验参数，可以记式(6.68)为

$$\alpha_T \approx \alpha e^{\beta \left(\frac{1}{T}-\frac{1}{T_0}\right)} \tag{6.69}$$

式中　α,β——材料参数，可以通过试验数据拟合确定。

6.4.4　"时温等效原理"在流动曲线上的应用

既然黏弹材料的黏度对温度和剪切速率都有依赖性，而剪切速率相当于时间的倒数，那么是否可以利用"时温等效原理"对黏弹材料的流动曲线发明一种"时温叠加法"呢？答案是肯定的。下面介绍两种图解方法。

（1）对 $\lg \beta - \lg \dot{\gamma}$ 曲线进行叠加：图 6.10(a)给出 LDPE 在不同温度下的流动曲线。为了叠加这些曲线，首先选择一个参考温度 T_s（比如 $T_s = 200\ ℃$），以该温度的流动曲线为参考曲线，所有其他曲线通过沿 $\lg \dot{\gamma}$ 轴平移，均可以叠加到参考曲线上（图 6.10(b)），得到一条 $T_s = 200\ ℃$ 的流动总曲线（Master curve）。各曲线的平移距离取决于平移因子 α_T，定义为

$$\alpha_T = \dot{\gamma}(T_s)/\dot{\gamma}(T) \tag{6.70}$$

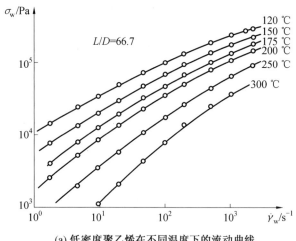

(a) 低密度聚乙烯在不同温度下的流动曲线

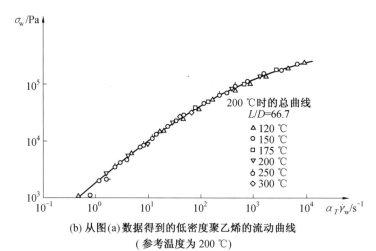

(b) 从图(a)数据得到的低密度聚乙烯的流动曲线
（参考温度为 200 ℃）

图 6.10　LDPE 流动曲线建立示意图

式中　$\dot{\gamma}(T_s),\dot{\gamma}(T)$——参考温度 T_s 曲线和 T 温度曲线上对应于同一剪切应力的剪变率。

把不同温度下的流动曲线叠加成一条流动总曲线，使得人们可以通过少量实验数据获悉更广阔温度范围和剪切速率范围内的流动信息，对于材料的表征十分有利。

（2）对 $\lg \eta_a - \lg \dot{\gamma}$ 曲线叠加：首先引入约化黏度的概念，定义约化黏度为 $\eta_a(T)/\eta_0(T)$。以约化黏度替代表观黏度为纵坐标；以剪切速率乘以零

剪切黏度 $\dot{\gamma} \cdot \eta_0(T)$（有时称为约化剪切速率）替代 $\dot{\gamma}$ 作为横坐标。首先用约化黏度 $\eta_a(T)/\eta_0(T)$ 把一族黏度－剪切速率曲线标准化，然后以 $\lg[\eta_a(T)/\eta_0(T)]$ 对 $\lg(\eta_0\dot{\gamma})$ 作图，则可把不同温度下的一族 $\lg\eta_a-\lg\dot{\gamma}$ 曲线叠加成一条曲线（图6.11）。坐标轴进行上述代换，相当于将原曲线族沿一条斜率等于－1的直线移动、叠加。横坐标 $\eta_0\dot{\gamma}$ 相当于材料在线性流动区的切应力 σ_0，由于采用了切应力作参数，故温度对流动曲线的影响大部分被自动抵消。实验证明，有时以 $\lg(\eta_0\dot{\gamma}/T)$ 代替 $\lg(\eta_0\dot{\gamma})$ 做横坐标，则数据会吻合得更好。这种方法的一个困难是，有些材料的零剪切黏度 $\eta_0(T)$ 不易求得。

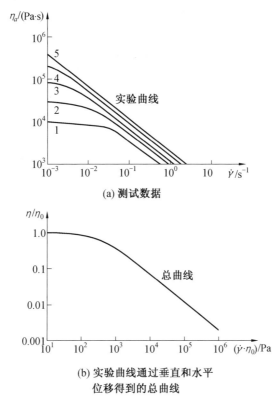

图 6.11 以约化黏度对约化剪切速率作图得到的总曲线

采用上述方法进行叠加的依据源于时－温叠加原理，因为按此原理，约化黏度 η/η_0 是约化剪切速率 $\dot{\gamma}\cdot\eta_0$ 的单值函数，即

$$\frac{\eta(\dot{\gamma},T)}{\eta_0(T)} = f(\eta_0(T) \cdot \dot{\gamma}) \tag{6.71}$$

式中　T——任一选定的温度。

当总曲线已经确定或已知某一特定温度 T_0 下的黏度曲线,要求另一温度 T 下的黏度曲线,则可用上述曲线位移方法求解。曲线的位移量由温度移位因子 α_T 确定,有

$$\alpha_T = \frac{\eta_0(T)}{\eta_0(T_0)} \text{ 或 } \lg \alpha_T = \lg \frac{\eta_0(T)}{\eta_0(T_0)}$$

细节参看图 6.12。

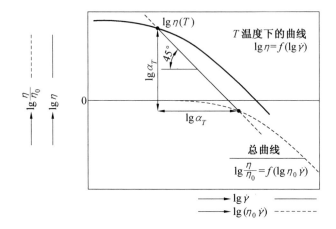

图 6.12　对黏度曲线的时－温叠加原理

第7章 三维黏弹模型

在前几章中,我们研究了一维情况下黏弹性介质的本构关系。在本章中,首先将它推广到三维情形,进而研究各向同性线性黏弹体在小应变条件下的等温边值问题,并介绍求解线性黏弹性问题的一种有效方法——对应原理。

7.1 三维本构关系

我们将应力张量及应变张量分别求解为球张量及偏斜张量:

$$\begin{bmatrix} \sigma_{xx} & \sigma_{xy} & \sigma_{xz} \\ \sigma_{yx} & \sigma_{yy} & \sigma_{yz} \\ \sigma_{zx} & \sigma_{zy} & \sigma_{zz} \end{bmatrix} = \begin{bmatrix} \sigma & 0 & 0 \\ 0 & \sigma & 0 \\ 0 & 0 & \sigma \end{bmatrix} + \begin{bmatrix} \sigma_{xx}-\sigma & \sigma_{xy} & \sigma_{xz} \\ \sigma_{yx} & \sigma_{yy}-\sigma & \sigma_{yz} \\ \sigma_{zx} & \sigma_{zy} & \sigma_{zz}-\sigma \end{bmatrix}$$

$$\begin{bmatrix} \varepsilon_{xx} & \varepsilon_{xy} & \varepsilon_{xz} \\ \varepsilon_{yx} & \varepsilon_{yy} & \varepsilon_{yz} \\ \varepsilon_{zx} & \varepsilon_{zy} & \varepsilon_{zz} \end{bmatrix} = \begin{bmatrix} e & 0 & 0 \\ 0 & e & 0 \\ 0 & 0 & e \end{bmatrix} + \begin{bmatrix} \varepsilon_{xx}-e & \varepsilon_{xy} & \varepsilon_{xz} \\ \varepsilon_{yx} & \varepsilon_{yy}-e & \varepsilon_{yz} \\ \varepsilon_{zx} & \varepsilon_{zy} & \varepsilon_{zz}-e \end{bmatrix}$$

其中

$$\sigma = \frac{1}{3}(\sigma_{xx}+\sigma_{yy}+\sigma_{zz}) = \frac{1}{3}\sigma_{kk} = \frac{1}{3}\sigma_I$$

$$e = \frac{1}{3}(\varepsilon_{xx}+\varepsilon_{yy}+\varepsilon_{zz}) = \frac{1}{3}\varepsilon_{kk} = \frac{1}{3}\varepsilon_I$$

σ_I 和 ε_I 分别是应力张量和应变张量的第一不变量。

对于各向同性弹性介质,应力球张量与应变球张量成正比,应力偏量与应变偏量成正比,关系如下:

$$\begin{bmatrix} \sigma & 0 & 0 \\ 0 & \sigma & 0 \\ 0 & 0 & \sigma \end{bmatrix} = 3K \begin{bmatrix} e & 0 & 0 \\ 0 & e & 0 \\ 0 & 0 & e \end{bmatrix}$$

用 S_{ij} 表示应力偏量,$S_{ij} = \sigma_{ij} - \frac{1}{3}\sigma_{kk}\delta_{ij}$,用 e_{ij} 表示应变偏量,$e_{ij} = \varepsilon_{ij} - $

$\frac{1}{3}\varepsilon_{kk}\delta_{ij}$，则以上两式可简写为

$$\sigma = 3Ke$$
$$S_{ij} = 2Ge_{ij}$$
(7.1)

式中　　K——体积模量；

　　　　G——剪切弹性模量。

式(7.1)亦可缩写为

$$\sigma_{ij} = \lambda\delta_{ij}\varepsilon_{kk} + 2\mu\varepsilon_{ij}$$
(7.2)

式中　　λ,μ——Lame 系数；

　　　　δ_{ij}——Kronecker 符号。

对于黏弹性材料，在各向同性的前提下，基于物理上的考虑及实验事实的支持，仍然认为：应变球张量（反映体积变化）只与应力球张量（静水应力状态）有关，而应变偏量（剪切变形）只与应力偏量（剪应力）有关。当然，它们之间的关系已不再是像弹性情况下那样的简单比例关系，而是类似于 $P\sigma = Q\varepsilon$ 那样的本构关系。即

$$P'S_{ij} = Q'e_{ij}$$
(7.3a)
$$P''\sigma = Q''e$$
(7.3b)

式中，P', Q', P'', Q'' 各为如下的微分算子：

$$P' = \sum_{k=0}^{m'} p'_k \frac{d^k}{dt^k}$$

$$Q' = \sum_{k=0}^{n'} q'_k \frac{d^k}{dt^k}$$

$$P'' = \sum_{k=0}^{m''} p''_k \frac{d^k}{dt^k}$$

$$Q'' = \sum_{k=0}^{n''} q''_k \frac{d^k}{dt^k}$$
(7.4)

一般来说，P', Q', P'', Q'' 四者的系数和阶数都是彼此不同的。方程(7.3a)，(7.3b) 完全表征了三维情况下黏弹材料的本构关系。

对于有些黏弹性材料，其体积变化是弹性的，或近似弹性的，而其流变性质主要表现在剪切变形方面。

例如，某黏弹材料，其体积变化是弹性的，材料的流变性质主要表现在

剪切变形方面并且服从于 Maxwell 黏弹规律。在空间应力状态下,其本构关系将分为两部分:

其一是对于偏量分量的:

$$\begin{bmatrix} \dot{e}_{xx} & \dot{e}_{xy} & \dot{e}_{xz} \\ \dot{e}_{yx} & \dot{e}_{yy} & \dot{e}_{yz} \\ \dot{e}_{zx} & \dot{e}_{zy} & \dot{e}_{zz} \end{bmatrix} = \frac{1}{2E_m} \begin{bmatrix} \dot{S}_{xx} & \dot{S}_{xy} & \dot{S}_{xz} \\ \dot{S}_{yx} & \dot{S}_{yy} & \dot{S}_{yz} \\ \dot{S}_{zx} & \dot{S}_{zy} & \dot{S}_{zz} \end{bmatrix} + \frac{1}{2\eta_m} \begin{bmatrix} S_{xx} & S_{xy} & S_{xz} \\ S_{yx} & S_{yy} & S_{yz} \\ S_{zx} & S_{zy} & S_{zz} \end{bmatrix}$$

即

$$\dot{e}_{ij} = \frac{1}{2E_m}\dot{S}_{ij} + \frac{1}{2\eta_m}S_{ij}$$

其二是弹性的体应变关系:

$$e = \frac{1}{3K}\sigma$$

式中　　E_m——此黏弹材料的刚性模量;

　　　　η_m——此黏弹材料的黏性系数;

　　　　K——此黏弹材料的体积模量。

如果某黏弹材料,其体积变化是弹性的而剪切变形服从于 Kelvin 黏弹规律。在空间应力状态下其本构关系可分为两部分。对于偏量分量,有关系:

$$S_{ij} = 2E_k e_{ij} + 2\eta_k \dot{e}_{ij}$$

对于体应变则有

$$\sigma = 3Ke$$

式中　　E_k——此 Kelvin 材料的刚性模量;

　　　　η_k——此 Kelvin 材料的黏性系数;

　　　　K——此 Kelvin 材料的体积模量。

对于一般的线黏弹性模型,在空间应力状态下有偏应变关系:

$$P'S_{ij} = Q'e_{ij}$$

以及弹性体应变关系:

$$\sigma = 3Ke$$

以上是以微分算子形式表示的本构关系。另外,也可用蠕变柔量 D 或松弛模量 Y 来表示三维本构关系。只是在三维情况下,应有两个蠕变柔量 D' 和 D'',分别描述变形的畸变部分(即偏量部分)和体积变化部分(即球量部分)的蠕变特性。或者,由两个应力松弛模量 Y' 和 Y'',分别描述应力的偏量部分和球量部分的松弛特性，其本构关系如下。

蠕变型本构方程：

$$e_{ij} = S_{ij}D'(o) + \int_0^t S_{ij}(\tau)\frac{dD'(t-\tau)}{d(t-\tau)}d\tau \quad (7.5a)$$

$$e = \sigma D''(o) + \int_0^t \sigma(\tau)\frac{dD''(t-\tau)}{d(t-\tau)}d\tau \quad (7.5b)$$

或以 Stieltjes 卷积的形式表示为

$$e_{ij} = D' * dS_{ij} \quad (7.6a)$$

$$e = D'' * d\sigma \quad (7.6b)$$

松弛型本构方程：

$$S_{ij} = e_{ij}Y'(o) + \int_0^t e_{ij}(\tau)\frac{dY'(t-\tau)}{d(t-\tau)}d\tau \quad (7.7a)$$

$$\sigma = eY''(o) + \int_0^t e(\tau)\frac{dY''(t-\tau)}{d(t-\tau)}d\tau \quad (7.7b)$$

或以 Stieltjes 卷积的形式表示为

$$S_{ij} = Y' * de_{ij} \quad (7.8a)$$

$$\sigma = Y'' * de \quad (7.8b)$$

若令 $Y'(t)=2\mu(t), Y''(t)=3K(t), \lambda(t)=K(t)-\frac{2}{3}\mu(t)$，则可将(7.8)式缩写为

$$\sigma_{ij} = \sigma_{ij}\lambda(t) * d\varepsilon_{kk} + 2\mu(t) * d\varepsilon_{ij} \quad (7.9)$$

如果 $t<0$ 时有 $S_{ij}, \sigma, e_{ij}, e$ 及它们的各阶导数均为零，则本构方程(7.5) 和(7.7) 还可以等价地表示为

$$S_{ij} = \int_{-\infty}^t Y'(t-\tau)\dot{e}_{ij}(\tau)d\tau = \int_{-\infty}^t 2\mu(t-\tau)\dot{e}_{ij}(\tau)d\tau \quad (7.10a)$$

$$\sigma = \int_{-\infty}^t Y''(t-\tau)\dot{e}(\tau)d\tau = \int_{-\infty}^t 3K(t-\tau)\dot{e}(\tau)d\tau \quad (7.10b)$$

以及

$$e_{ij} = \int_{-\infty}^t D'(t-\tau)\dot{S}_{ij}(\tau)d\tau \quad (7.11a)$$

$$e = \int_{-\infty}^t D''(t-\tau)\dot{\sigma}(\tau)d\tau \quad (7.11b)$$

对于一种给定的材料，如果它同时可用积分形式及微分形式的本构方

程来描述,那么,松弛(或蠕变)函数与微分算子之间的关系可以确定。

D' 和 D'' 的 Laplace 变换与各微分算子间的关系为

$$\overline{D}'(s) = \frac{P'(s)}{sQ'(s)} \tag{7.12a}$$

$$\overline{D}''(s) = \frac{P''(s)}{sQ''(s)} \tag{7.12b}$$

相应地,Y' 和 Y'' 的变换与各微分算子间的关系为

$$\overline{Y}'(s) = \frac{Q'(s)}{sP'(s)} \tag{7.13a}$$

$$\overline{Y}''(s) = \frac{Q''(s)}{sP''(s)} \tag{7.13b}$$

而 $\overline{D}'(s),\overline{D}''(s),$ 与 $\overline{Y}'(s),\overline{Y}''(s)$ 之间的关系为

$$\overline{D}'(s)\overline{Y}'(s) = \frac{1}{s^2} \tag{7.14a}$$

$$\overline{D}''(s)\overline{Y}''(s) = \frac{1}{s^2} \tag{7.14b}$$

其中,

$$P'(s) = \sum_{k=0}^{m'} p'_k s^k, Q'(s) = \sum_{k=0}^{n'} q'_k s^k$$

$$P''(s) = \sum_{k=0}^{m''} p''_k s^k, Q''(s) = \sum_{k=0}^{n''} q''_k s^k \tag{7.15}$$

下面列举几种材料在三维情况下的积分型本构关系。假定它们的体积变化都是弹性的,流变性质主要表现在剪切变形方面。

1. Maxwell 材料

Maxwell 材料的三维微分型本构方程为

$$S_{ij} + \frac{\eta_m}{E_m}\dot{S}_{ij} = 2\eta_m \dot{e}_{ij}$$

$$\sigma = 3Ke$$

因此算子

$$P'(s) = 1 + \frac{\eta_m}{E_m}s, P''(s) = 1$$

$$Q'(s) = 2\eta_m s, Q''(s) = 3K$$

利用(7.12a),(7.12b) 两式可得

$$\overline{D}'(s) = \frac{1}{2\eta_m s^2} + \frac{1}{2E_m s}, \overline{D}''(s) = \frac{1}{3Ks}$$

利用(7.13a),(7.13b) 两式可得

$$\overline{Y}'(s) = \frac{2E_m}{\dfrac{G_m}{\eta_m} + s}, \overline{Y}''(s) = \frac{3K}{s}$$

作逆变换可得

$$\overline{D}'(t) = \frac{1}{2}\left(\frac{1}{E_m} + \frac{t}{\eta_m}\right), \overline{D}''(t) = \frac{1}{3K}$$

$$\overline{Y}'(t) = 2E_m e^{-\frac{E_m}{\eta_m}t}, \overline{Y}''(t) = 3K$$

于是积分型本构方程可以写为蠕变型：

$$\begin{cases} e_{ij}(t) = D' * dS_{ij} = \left(\dfrac{1}{2E_m} + \dfrac{t}{2\eta_m}\right) * dS_{ij}, t > 0 \\ e(t) = \dfrac{1}{3K} * d\sigma \end{cases}$$

松弛型：

$$\begin{cases} S_{ij}(t) = Y' * de_{ij} = 2E_m e^{\frac{E_m}{\eta_m}t} * de_{ij}, t > 0 \\ \sigma(t) = 3K * de \end{cases}$$

2. Kelvin 体

松弛型：

$$\begin{cases} S_{ij}(t) = [2E_k \Delta(t) + 2\eta_k \delta(t)] * de_{ij} \\ \sigma(t) = 3K\Delta(t) * de \end{cases}$$

蠕变型：

$$\begin{cases} e_{ij}(t) = \dfrac{1}{2E_k}(1 - e^{-t/\tau'})\Delta(t) * dS_{ij} \\ e(t) = \dfrac{1}{3K} * d\sigma \end{cases}$$

式中 $\tau' = \eta_k / E_k$

3. 标准线性固体

标准线性固体如图 7.1 所示。

松弛型：

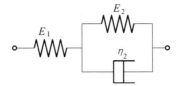

图 7.1 标准线性固体

$$\begin{cases} S_{ij}(t) = 2E_1\left[1 - \dfrac{E_1}{E_1+E_2}(1-e^{-t/\tau'})\right]\Delta(t) * de_{ij} \\ \sigma(t) = 3K\Delta(t) * de \end{cases}$$

蠕变型：

$$\begin{cases} e_{ij}(t) = \left[\dfrac{1}{2E_1} + \dfrac{1}{2E_2}(1-e^{-t/\tau'})\right]\Delta(t) * \mathrm{d}S_{ij} \\ e(t) = \dfrac{1}{3K} * d\sigma \end{cases}$$

式中，$\tau' = \eta_2/E_2$。

7.2 线性黏弹性理论的基本方程及对应原理

黏弹性问题的解法，原则上与弹性力学相同，都是在给定的边界条件下，求解其基本方程组。

设 $u_i, \varepsilon_{ij}, \sigma_{ij}$ 分别为位移分量、应变分量和应力分量，黏弹性问题的基本方程组有三类：运动学关系，平衡方程或运动方程，材料的本构方程。

1. 几何方程

位移与应变分量间的关系（即运动学关系）：

$$\varepsilon_{ij} = \frac{1}{2}(u_{i,j} + u_{j,i}) \tag{7.16}$$

连续性方程：在我们所讨论的范围内，物体在变形后仍然保持其整体性和连续性，即变形的协调性，这就要求应变分量 ε_{ij} 满足一定的变形协调条件：

$$\varepsilon_{ij,kl} + \varepsilon_{kl,ij} - \varepsilon_{ik,jl} - \varepsilon_{jl,ik} = 0 \tag{7.17}$$

由于应变协调方程可以从应变－位移方程推导出来，所以它并非独立的方程。

2. 力学方程（平衡方程或运动方程）

平衡方程

$$\sigma_{ij,j} + F_i = 0 \tag{7.18a}$$

或运动方程

$$\sigma_{ij,j} + F_i = \rho \ddot{u}_i \tag{7.18b}$$

式中　　F_i——体力分量；

ρ——材料密度，$\ddot{u}_i = \dfrac{\partial^2 u_i}{\partial t^2}$。

3. 物性方程：材料的本构关系

在弹性力学中，各向同性材料的物性方程是广义胡克定律：

$$\sigma_{ij} = \lambda \varepsilon_{kk} \delta_{ij} + 2\mu \varepsilon_{ij}$$

这是一组应力分量与应变分量间的线性代数方程。而在黏弹性理论中，物性方程则为一组 n 阶微分方程(7.3a,b)或积分型方程(7.9)：

$$\begin{cases} P'S_{ij} = Q'e_{ij} \\ P''\sigma = Q'e \end{cases}$$

或

$$\sigma_{ij} = \delta_{ij}\lambda(t) * d\varepsilon_{kk} + 2\mu(t) * d\varepsilon_{ij}$$

总括起来，当物体处于黏弹性状态时，我们有 6 个几何方程(7.16)，3 个力学方程(7.18a) 或(7.18b)，6 个物性方程(7.9)，共 15 个方程。其中包括 6 个应力分量、6 个应变分量、3 个位移分量，共 15 个未知数。因而在给定边界条件时，问题是可以求解的。

4. 边界条件

上述黏弹性问题的解必须满足边界上给定的应力边界条件和位移边界条件，其示意图如图 7.2 所示。

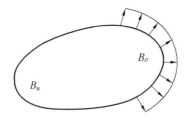

图 7.2　边界条件示意图

应力边界条件：在应力边界 B_σ 上

$$\sigma_{ij}n_j = S_i(t)$$

位移边界条件:在位移边界 B_u 上

$$u_i(t) = \Delta_i(t)$$

式中　　n_j——B_σ 上外法线的方向余弦;

$S_i, \Delta_i(t)$——B_σ 及 B_u 上的已知面力及位移分量。

5. 初始条件

假设 $t<0$ 物体处于自然状态,未受扰动,即

$$u_i(t) = \varepsilon_{ij}(t) = \sigma_{ij}(t) = 0, -\infty < t < 0$$

考虑到 $t=0^+$ 处的跳跃,可以给出 $u_i(t), \varepsilon_{ij}(t), \sigma_{ij}(t)$ 在 $t=0^+$ 时的初始跳跃值。但这些初始值之间必须满足:

$$\sum_{k=r}^{N} p'_k \frac{\partial^{k-r} S_{ij}(t)}{\partial t^{k-r}}\bigg|_{t=0^+}$$

$$\sum_{k=r}^{N} q'_k \frac{\partial^{k-r} e_{ij}(t)}{\partial t^{k-r}}\bigg|_{t=0^+}, r=1,2,\cdots,N$$

式中　　　　　　　$N = \max(m', n')$

m', n' 是微分算子 P' 和 Q' 的阶数。

对于 σ 和 e 同样有类似的初始条件。

对于准静态问题,如果场变量 $u_i, \varepsilon_{ij}, \sigma_{ij}$ 的 Laplace 变换存在,而且在所研究的时间范围内边界 B_σ 和 B_u 保持不变,并满足如 7.2.5 所述的初始条件,则可以采用 Laplace 变换的方法来求解由(7.9)、(7.16)和(7.18a)组成的黏弹性基本方程组。

为此,对上述黏弹性基本方程进行 Laplace 变换,可得

$$\bar{\varepsilon}_{ij} = \frac{1}{2}(\bar{u}_{i,j} + \bar{u}_{j,i}) \tag{7.19a}$$

$$\bar{\sigma}_{ij,j} + \bar{F}_i = 0 \tag{7.19b}$$

$$\bar{\sigma}_{ij} = s\bar{\lambda}(s)\bar{\varepsilon}_{kk}\delta_{ij} + 2s\bar{\mu}(s)\bar{\varepsilon}_{ij} \tag{7.19c}$$

对边界条件也进行 Laplace 变换,可得在 B_σ 上

$$\bar{\sigma}_{ij}n_{ij} = \bar{S}_i \tag{7.19d}$$

在 B_u 上

$$\bar{u}_i = \bar{\Delta}_i \tag{7.19e}$$

把 s 域内变换后的黏弹性方程同线性弹性力学的基本方程进行对比:

已知线弹性力学的基本方程为

$$\bar{\varepsilon}_{ij} = \frac{1}{2}(\bar{u}_{i,j} + \bar{u}_{j,i}) \tag{7.20a}$$

$$\bar{\sigma}_{ij,j} + \bar{F}_i = 0 \tag{7.20b}$$

$$\bar{\sigma}_{ij} = \lambda \delta_{ij}\varepsilon_{kk} + 2\mu\varepsilon_{ij} \tag{7.20c}$$

$$\sigma_{ij}n_{ij} = S_i \tag{7.20d}$$

$$u_i = \Delta_i \tag{7.20e}$$

对比以上两组方程,我们可做如下的对应使它们在数学形式上互相一致:

$$\begin{array}{ccc} 黏弹性 & \rightarrow & 弹性 \\ \bar{u}_i & \rightarrow & u_i \\ \bar{\varepsilon}_{ij} & \rightarrow & \varepsilon_{ij} \\ \bar{\sigma}_{ij} & \rightarrow & \sigma_{ij} \\ \bar{F}_i & \rightarrow & F_i \\ \bar{S}_i & \rightarrow & S_i \\ \bar{\Delta}_i & \rightarrow & \Delta_i \\ s\bar{\lambda} & \rightarrow & \lambda \\ s\bar{\mu} & \rightarrow & \mu \end{array} \tag{7.21}$$

因此,若将弹性解中的常数 λ 换成 $s\bar{\lambda}$,将常数 μ 换成 $s\bar{\mu}$,则可以得到黏弹解的变换。其后所做的一切就是进行逆变换,获得真正的解。由此可见,黏弹体问题的许多解可以从弹性体的解答中对应过来,这种方法称为弹性－黏弹性对应原理。

如果弹性解中出现了其他弹性常数,如杨氏模量 E,泊松比 ν,体积模量 K,则可根据弹性常数关系式,把这些弹性常数化成 μ 和 λ 表示的形式,再以 $s\bar{\mu}$ 和 $s\bar{\lambda}$ 取代其中的 μ 和 λ。下面罗列各种弹性常数的取代关系。

黏弹性参数	取代	弹性常数
$\bar{\mu}$	$\rightarrow$	μ
$\bar{K}$	$\rightarrow$	K
$\bar{E}$	$\rightarrow$	E
$\bar{\nu}$	$\rightarrow$	ν

带符号的参数 $\bar{\underset{\sim}{\mu}}, \bar{\underset{\sim}{K}}, \bar{\underset{\sim}{E}}, \bar{\underset{\sim}{\nu}}, \bar{\underset{\sim}{\lambda}}$ 表示为保持黏弹性问题与弹性问题的对应关系,在黏弹性象空间中弹性常数的对应值。

利用弹性力学关系

$$E = \frac{9K\mu}{3K+\mu}, \nu = \frac{1}{2}\left(\frac{3K-2\mu}{3K+\mu}\right), \lambda = K - \frac{2}{3}\mu$$

及黏弹性关系

$$2\bar{\mu}(s) = \bar{Y}'(s), \bar{K}(s) = \frac{\bar{Y}''(s)}{3}$$

$$\bar{D}'(s) = \frac{1}{s^2 \bar{Y}'(s)}, \bar{D}''(s) = \frac{1}{s^2 \bar{Y}''(s)}$$

可以推得上述黏弹参数如下:

$$\bar{\underset{\sim}{\mu}}(s) = s\bar{\mu}(s) = \frac{Q'(s)}{2P'(s)} = \frac{1}{2}s\bar{Y}'(s) = \frac{1}{2s\bar{D}'(s)}$$

$$\bar{\underset{\sim}{K}}(s) = s\bar{K}(s) = \frac{Q''(s)}{3P''(s)} = \frac{1}{3}s\bar{Y}''(s) = \frac{1}{3s\bar{D}''(s)}$$

$$\bar{\underset{\sim}{E}}(s) = \frac{3Q'(s)Q''(s)}{Q'(s)P''(s) + 2P'(s)Q''(s)} = \frac{3s\bar{Y}'(s)\bar{Y}''(s)}{2\bar{Y}''(s) + \bar{Y}'(s)} =$$

$$\frac{3}{s[2\bar{D}'(s) + \bar{D}''(s)]}$$

$$\bar{\underset{\sim}{\nu}}(s) = \frac{P'(s)Q''(s) - Q'(s)P''(s)}{Q'(s)P''(s) + 2P'(s)Q''(s)} = \frac{\bar{Y}''(s) - \bar{Y}'(s)}{2\bar{Y}''(s) + \bar{Y}'(s)} =$$

$$\frac{\bar{D}'(s) - \bar{D}''(s)}{2\bar{D}'(s) + \bar{D}''(s)}$$

$$\bar{\underset{\sim}{\lambda}}(s) = \bar{\underset{\sim}{K}}(s) - \frac{2}{3}\bar{\underset{\sim}{\mu}}(s) = \frac{1}{3}s[\bar{Y}''(s) - \bar{Y}'(s)] = \frac{1}{3s}\left[\frac{1}{\bar{D}''(s)} - \frac{1}{\bar{D}'(s)}\right]$$

综上所述,利用对应原理求解黏弹性问题的一般过程如下:

(1) 先求得对应弹性问题的解;

(2) 将弹性解中出现的材料常数 μ, K, E, ν, λ 分别置换为 $\bar{\underset{\sim}{\mu}}, \bar{\underset{\sim}{K}}, \bar{\underset{\sim}{E}}, \bar{\underset{\sim}{\nu}}, \bar{\underset{\sim}{\lambda}}$;

(3) 将弹性解中出现的边界应力 S_i 置换为 $\bar{S}_i$,边界位移 Δ_i 置换为 $\bar{\Delta}_i$,将体积力 F_i 置换为 $\bar{F}_i$;

(4) 将弹性解中出现的 u_i, ε_{ij} 或 σ_{ij} 分别置换为 $\bar{u}_i, \bar{\varepsilon}_{ij}, \bar{\sigma}_{ij}$,由此得到黏弹性解得 Laplace 变换;

(5) 逆变换求得黏弹性解 u_i,ε_{ij} 和 σ_{ij}。

应当注意的是，式(7.21)给出的对应关系只适用于准静态问题，指由于变形而引起的惯性力比之于其他力可以忽略不计的情形。如果计入惯性效应，会破坏本节所述的弹性解和变换后的黏弹性解之间的对应关系，在如此情况下，方程(7.19)和(7.20)中的平衡方程将被运动方程所取代，在用 Laplacce 变换方法时要注意修正。

7.3 对应原理的应用

7.3.1 薄壁筒问题的黏弹性解

现在让我们讨论一个在科学技术中得到广泛应用的问题——薄壁筒问题。此问题的弹性解最早是由 Lame 解决的，所以又称 Lame 问题。

如图 7.3 所示，设：黏弹性薄壁圆筒内外受均匀压力 $P_1(t)$ 和 $P_2(t)$。圆筒的内径为 $2a$，外径为 $2b$。圆筒的长度和圆筒的直径相比足够大，以致可以认为离两端足够远处的应力和应变不沿对称轴 z 轴变化。

由于结构和荷载关于 z 轴对称，因此每点的位移将只有 r 方向的位移 u 和 z 方向的位移 W，并且都与 θ 无关。对于这样一个平面问题，如果薄壁筒两端是自由端，则 $\sigma_{zz}=0$，是平面应力问题；如果约束圆筒端部，使得 $\varepsilon_z=0$，则是平面应变问题。

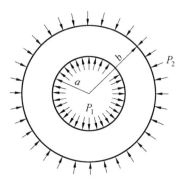

图 7.3 薄壁筒示意图

1. 平面应变问题

边界条件可以写为

在 $r=a$ 处：
$$\sigma_{rr} = -P_1(t)$$
在 $r=b$ 处：
$$\sigma_{rr} = -P_2(t)$$
及
$$\varepsilon_z = 0$$

当不计体力时,在弹性力学中我们已经得到这个问题的解答。其不为零的应力为
$$\sigma_{rr} = \frac{a^2 b^2 (P_2 - P_1)}{(b^2 - a^2)r^2} + \frac{P_1 a^2 - P_2 b^2}{b^2 - a^2}$$
$$\sigma_{\theta\theta} = -\frac{a^2 b^2 (P_2 - P_1)}{(b^2 - a^2)r^2} + \frac{P_1 a^2 - P_2 b^2}{b^2 - a^2}$$
$$\sigma_{zz} = \frac{2\nu(P_1 a^2 - P_2 b^2)}{b^2 - a^2} = \nu(\sigma_{rr} + \sigma_{\theta\theta})$$

径向位移为
$$u = \frac{1+\nu}{E}\left[\left(\frac{P_1 a^2 - P_2 b^2}{b^2 - a^2}\right)(1-2\nu)r - \frac{a^2 b^2 (P_2 - P_1)}{(b^2 - a^2)r}\right]$$

环向位移为
$$V = 0$$

对于相应的黏弹性问题(即由黏弹性材料组成的薄壁筒问题),由于上述解答中应力分量 σ_{rr} 和 $\sigma_{\theta\theta}$ 不包含任何弹性常数,其应力分布与材料性质无关。因此,应力分量 σ_{rr} 和 $\sigma_{\theta\theta}$ 的分布和弹性问题一样。

但是,应力分量 σ_{zz} 和位移 u 中包含弹性常数。利用对应原理,在 σ_{zz} 和位移 u 中以
$$\widetilde{\nu}(s) = \frac{P'(s)Q''(s) - Q'(s)P''(s)}{Q'(s)P''(s) + 2P'(s)Q''(s)}$$
$$\widetilde{E}(s) = \frac{3Q'(s)Q''(s)}{Q'(s)P''(s) + 2P'(s)Q''(s)}$$

取代弹性常数 ν 和 E,以 $\overline{P}_1(s)$ 取代 $P_1(t)$,以 $\overline{P}_2(s)$ 取代 $P_2(t)$,可以得到相应的黏弹性问题在 Laplace 变换平面上的解：

$$\bar{\sigma}_{zz}(s) = \frac{2\bar{\nu}(s)[\bar{P}_1(s)a^2 - \bar{P}_2(s)b^2]}{b^2 - a^2} =$$

$$\frac{2[P'(s)Q''(s) - Q'(s)P''(s)]}{Q'(s)P''(s) + 2P'(s)Q''(s)} \cdot \frac{\bar{P}_1(s)a^2 - \bar{P}_2(s)b^2}{b^2 - a^2}$$

$$\bar{u}(s) = \frac{1 + \bar{\nu}(s)}{\bar{E}(s)} \left\{ \left[\frac{\bar{P}_1(s)a^2 - \bar{P}_2(s)b^2}{b^2 - a^2} \right] \cdot \right.$$

$$\left. [1 - 2\bar{\nu}(s)]r - \frac{a^2 b^2 [\bar{P}_2(s) - \bar{P}_1(s)]}{(b^2 - a^2)r} \right\} =$$

$$\frac{Q'(s)}{P'(s)} \left\{ \left[\frac{3Q'(s)P''(s)}{2P'(s)Q''(s) + Q'(s)P''(s)} \right] \cdot \right.$$

$$\left. \left[\frac{\bar{P}_1(s)a^2 - \bar{P}_2(s)b^2}{b^2 - a^2} \right] r - \frac{a^2 b^2 [\bar{P}_2(s) - \bar{P}_1(s)]}{(b^2 - a^2)r} \right\}$$

其中，$P'(s), Q'(s), P''(s)$ 和 $Q''(s)$ 是如式(7.15)所示的算子。

作逆变换可求得黏弹性解 σ_{zz} 和 u，为此，需知道材料的流变性质和 $P_1(t), P_2(t)$ 随时间而变化的规律。设

$$P_1(t) = P_1 H(t), P_2(t) = P_2 H(t)$$

则有

$$\bar{P}_1(s) = \frac{P_1}{s}, \bar{P}_2(s) = \frac{P_2}{s}$$

其中，P_1, P_2 为常数。

设构成薄壁筒的材料的流变性质为：体积变化为弹性的，而畸变部分的流变性质符合于 Kelvin 模型，因而

$$P'(s) = 1, P''(s) = 1$$

$$Q'(s) = q_0 + q_1 s, Q''(s) = 3K$$

代入 $\bar{\sigma}_{zz}(s)$ 和 $\bar{u}(s)$，可得

$$\bar{\sigma}_{zz}(s) = \frac{6K - 2(q_0 + q_1 s)}{6K + (q_0 + q_1 s)} \cdot \frac{P_1 a^2 - P_2 b^2}{s(b^2 - a^2)}$$

$$\bar{u}(s) = \frac{P_1 a^2 - P_2 b^2}{b^2 - a^2} \cdot \frac{3r}{(6K + q_0 + q_1 s)s} - \frac{a^2 b^2 (P_2 - P_1)}{(b^2 - a^2)r(q_0 + q_1 s)s}$$

作逆变换可得

$$\sigma_{zz}(t) = \frac{P_1 a^2 - P_2 b^2}{b^2 - a^2} \left[\frac{18K}{6K + q_0}(1 - e^{-\frac{6K + q_0}{q_1}t}) - 2H(t) \right]$$

$$u(r,t) = \frac{P_1 a^2 - P_2 b^2}{b^2 - a^2} \cdot \frac{3r}{6K + q_0}(1 - e^{-\frac{6K + q_0}{q_1}t}) - \frac{a^2 b^2 (P_2 - P_1)}{r q_0 (b^2 - a^2)}[1 - e^{-\frac{q_0}{q_1}t}]$$

由上式可见，当 $t=0$ 时，$u(r,o)=0$。这是因为 Kelvin 体的冲击模量趋于 ∞，因此其瞬态弹性响应为零。而当 $t \to \infty$ 时，

$$\lim_{t \to \infty} u(r,t) = \frac{P_1 a^2 - P_2 b^2}{b^2 - a^2} \cdot \frac{3r}{6K + q_0} - \frac{a^2 b^2 (P_2 - P_1)}{r q_0 (b^2 - a^2)}$$

位移趋于一极限值。

如果材料的体变为弹性规律，而畸变部分为 Maxwell 规律，则

$$P'(s) = 1 + p_1 s, P''(s) = 1$$
$$Q'(s) = q_1 s, Q''(s) = 3K$$

载荷如前所述，由此可得

$$\bar{\sigma}_{zz}(s) = \frac{2(P_1 a^2 - P_2 b^2)}{b^2 - a^2} \cdot$$

$$\left[\frac{3K}{s(q_1 + 6Kp_1)\left(s + \frac{6K}{q_1 + 6Kp_1}\right)} + \frac{3Kp_1 - q_1}{(q_1 + 6Kp_1)\left(s + \frac{6K}{q_1 + 6Kp_1}\right)} \right]$$

$$\bar{u}(s) = \frac{3(P_1 a^2 - P_2 b^2) r}{b^2 - a^2} \cdot$$

$$\frac{1 + p_1 s}{s[6K + s(6Kp_1 + q_1)]} - \frac{a^2 b^2 (P_2 - P_1)}{r(b^2 - a^2)}\left(\frac{1 + p_1 s}{q_1 s^2}\right)$$

作逆变换可得

$$\sigma_{zz}(t) = \frac{2(P_1 a^2 - P_2 b^2)}{b^2 - a^2}\left\{\frac{1}{2}\left(1 - \exp\left[\frac{6Kt}{q_1 + 6Kp_1}\right]\right) + \left(\frac{3Kp_1 - q_1}{6Kp_1 + q_1}\right)\exp\left[-\frac{6Kt}{q_1 + 6Kp_1}\right]\right\}$$

$$u(r,t) = \frac{P_1 a^2 - P_2 b^2}{b^2 - a^2} \cdot \frac{r}{2K}\left(1 - \frac{q_1}{6Kp_1 + q_1}\exp\left[-\frac{6Kt}{6Kp_1 + q_1}\right]\right) - \frac{a^2 b^2 (P_2 - P_1)}{r(b^2 - a^2)} \frac{p_1 + t}{q_1}$$

由上式可见，当 $t \to \infty$ 时，u 是无界的。但是，当变形达到一定限度，超过了小变形的范围后，在小应变假设下求得的上述解答就不再适用。

2. 平面应力问题

边界条件可以写为

在 $r=a$ 处：
$$\sigma_{rr} = -P_1(t)$$

在 $r=b$ 处：
$$\sigma_{rr} = -P_2(t)$$

及
$$\sigma_{zz} = 0$$

当不计体力时，在弹性力学中我们已经得到问题的弹性解，其不为零的应力为

$$\sigma_{rr} = \frac{a^2b^2(P_2-P_1)}{(b^2-a^2)r^2} + \frac{P_1a^2-P_2b^2}{b^2-a^2}$$

$$\sigma_{\theta\theta} = -\frac{a^2b^2(P_2-P_1)}{(b^2-a^2)r^2} + \frac{P_1a^2-P_2b^2}{b^2-a^2}$$

径向位移为

$$u = \frac{1-\nu}{E} \cdot \frac{(P_1a^2-P_2b^2)r}{b^2-a^2} - \frac{1+\nu}{E} \cdot \frac{a^2b^2(P_2-P_1)}{(b^2-a^2)r}$$

$$V = 0$$

$$W = -\frac{2\nu}{E}\left(\frac{P_1a^2-P_2b^2}{b^2-a^2}\right)z + C$$

式中　C——由边界条件确定的常数。

对于相应的黏弹性问题，σ_{rr} 和 $\sigma_{\theta\theta}$ 仍然与材料性质无关，所以黏弹性解 σ_{rr}，$\sigma_{\theta\theta}$ 和弹性解形式相同。但是位移 u 和 W 与弹性常数有关。

利用对应原理，在 u 和 W 中以

$$\bar{\nu}(s) = \frac{P'(s)Q''(s) - Q'(s)P''(s)}{Q'(s)P''(s) + 2P'(s)Q''(s)}$$

$$\bar{E}(s) = \frac{3Q'(s)Q''(s)}{Q'(s)P''(s) + 2P'(s)Q''(s)}$$

取代弹性常数 ν 和 E，以 $\bar{P}_1(s)$ 取代 $P_1(t)$，以 $\bar{P}_2(s)$ 取代 $P_2(t)$，可以得到平面应力问题的黏弹性解的 Laplace 变换 $\bar{u}(s)$ 和 $\bar{W}(s)$：

$$\bar{u}(r,s) = \frac{2Q'(s)P''(s) + P'(s)Q''(s)}{3Q'(s)Q''(s)} \cdot$$

$$\frac{[\bar{P}_1(s)a^2 - \bar{P}_2(s)b^2]}{b^2-a^2} - \frac{P'(s)}{Q'(s)} \cdot \frac{a^2b^2[\bar{P}_2(s)-\bar{P}_1(s)]}{(b^2-a^2)r}$$

$$\overline{W}(z,s) = \frac{-2[P'(s)Q''(s) - Q'(s)P''(s)]}{3Q'(s)Q''(s)} \cdot$$

$$\frac{[\overline{P}_1(s)a^2 - \overline{P}_2(s)b^2]}{b^2 - a^2} + C$$

设 $P_1(t) = P_1 H(t), P_2(t) = P_2 H(t)$。当构成薄壁筒的材料,其体积变化为弹性的,而其畸变的流变性质符合 Kelvin 模型时,可以得到

$$\overline{u}(r,s) = \frac{(P_1 a^2 - P_2 b^2)r}{9K(b^2 - a^2)} \cdot \frac{(2q_0 + 3K) + 2q_1 s}{s(q_0 + q_1 s)} -$$

$$\frac{a^2 b^2 (P_2 - P_1)}{(b^2 - a^2)r} \cdot \frac{1}{s(q_0 + q_1 s)}$$

$$\overline{W}(z,s) = -\frac{2(P_1 a^2 - P_2 b^2)z}{9K(b^2 - a^2)} \cdot \frac{(3K - q_0) - q_1 s}{(q_0 + q_1 s)s} + C$$

作逆变换可得

$$u(r,t) = \frac{(P_1 a^2 - P_2 b^2)r}{9K(b^2 - a^2)} \left[\frac{3K}{q_0}(1 - e^{-\frac{q_0}{q_1}t}) + 2 \right] -$$

$$\frac{a^2 b^2 (P_2 - P_1)}{q_0 (b^2 - a^2)r}(1 - e^{-\frac{q_0}{q_1}t})$$

$$W(z,t) = -\frac{2(P_1 a^2 - P_2 b^2)z}{9K(b^2 - a^2)} \left[\left(\frac{3K}{q_0} - 1 \right)(1 - e^{-\frac{q_0}{q_1}t}) - e^{-\frac{q_0}{q_1}t} \right] + C$$

当构成薄壁筒的材料,其体积变化为弹性的;而其畸变的流变性质符合 Maxwell 模型时,可得

$$\overline{u}(r,s) = \frac{(P_1 a^2 - P_2 b^2)r}{9K(b^2 - a^2)} \cdot$$

$$\frac{3K(1 + p_1 s) + 2q_1 s}{q_1 s^2} - \frac{a^2 b^2 (P_2 - P_1)}{(b^2 - a^2)r} \cdot \frac{1 + p_1 s}{q_1 s^2}$$

$$\overline{W}(z,s) = -\frac{2(P_1 a^2 - P_2 b^2)z}{9K(b^2 - a^2)} \cdot \frac{3K(1 + p_1 s) - q_1 s}{q_1 s^2} + C$$

作逆变换可得

$$u(r,t) = \frac{(P_1 a^2 - P_2 b^2)r}{9K(b^2 - a^2)} \left[\frac{3K(p_1 + t)}{q_1} + 2 \right] -$$

$$\frac{a^2 b^2 (P_2 - P_1)}{(b^2 - a^2)r} \cdot \frac{p_1 + t}{q_1}$$

$$W(z,t) = -\frac{2(P_1 a^2 - P_2 b^2)z}{9K(b^2 - a^2)} \cdot \left[1 - \frac{3K(p_1 + t)}{q_1} \right] + C$$

我们看到，对于上述线性黏弹性材料的薄壁筒问题（包括平面应力和平面应变问题），当不计体力时，其应力 σ_{rr} 和 $\sigma_{\theta\theta}$ 的分布和相应的弹性问题一样。

关于黏弹性圆筒问题，Rogers 和 Lee 做过评述和分析。

7.3.2　柱体单向拉伸问题

如图 7.4 所示，设一柱体在轴向（x 轴）受到拉伸，受拉后其应变保持不变，即

$$\varepsilon_{xx} = \varepsilon_0 H(t)$$

并设材料的体积变形是弹性的，畸变部分的流变性质符合 Kelvin 模型，求其应力和应变。

先解其相应的弹性问题，其解为

$$t < 0: \varepsilon_{ij} = 0, \sigma_{ij} = 0$$

$$t > 0: \varepsilon_{xx} = \varepsilon_{ij}$$

$$\varepsilon_{yy} = \varepsilon_{zz} = -\nu \varepsilon_{xx} = -\nu \varepsilon_0$$

$$\varepsilon_{xy} = \varepsilon_{yz} = -\nu \varepsilon_{zx} = 0$$

$$\sigma_{xx} = E \varepsilon_{xx}$$

$$\sigma_{yy} = \sigma_{zz} = \tau_{xy} = \tau_{yx} = \tau_{zx} = 0$$

利用对应原理可求得黏弹性问题的解。

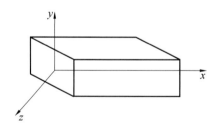

图 7.4　柱体单轴拉伸示意图

由于与材料常数无关，下列黏弹性解和弹性解形式相同：

$$\varepsilon_{xy} = \varepsilon_{yz} = \varepsilon_{zx} = 0$$

$$\sigma_{yy} = \sigma_{zz} = \tau_{xy} = \tau_{yx} = 0$$

$$\varepsilon_{xx} = \varepsilon_0 H(t)$$

以

$$\bar{\underset{\sim}{E}}(s) = \frac{3Q'(s)Q''(s)}{Q'(s)P''(s) + 2P'(s)Q''(s)}$$

取代弹性解中的 E，以

$$\bar{\underset{\sim}{\nu}}(s) = \frac{P'(s)Q''(s) - Q'(s)P''(s)}{Q'(s)P''(s) + 2P'(s)Q''(s)}$$

取代弹性解中的 ν，以

$$P'(s) = 1, Q'(s) = q_0 + q_1 s$$
$$P''(s) = 1, Q''(s) = 3K$$

代入弹性解中可得

$$\bar{\sigma}_{xx}(s) = \frac{3Q'(s)Q''(s)}{Q'(s)P''(s) + 2P'(s)Q''(s)} \bar{\varepsilon}_{xx}(s) = \left[\frac{3(q_0 + q_1 s)3K}{q_0 + q_1 s + 6K}\right] \cdot \frac{\varepsilon_0}{s} =$$

$$\varepsilon_0 \left[\frac{9K}{s} - \frac{\dfrac{54K^2}{q_1}}{s\left(s + \dfrac{6K + q_0}{q_1}\right)}\right]$$

$$\bar{\varepsilon}_{yy}(s) = \bar{\varepsilon}_{zz}(s) = -\bar{\underset{\sim}{\nu}}(s)\frac{\varepsilon_0}{s} = -\frac{\varepsilon_0}{s} \cdot \frac{P'(s)Q''(s) - Q'(s)P''(s)}{Q'(s)P''(s) + 2P'(s)Q''(s)} =$$

$$\frac{\varepsilon_0}{s}\left(1 - \frac{9K}{q_0 + 6K + q_1 s}\right)$$

作逆变换可得

$$\sigma_{xx}(t) = \varepsilon_0 \left[9KH(t) - \frac{54K^2}{6K + q_0}(1 - e^{-\frac{6K + q_0}{q_1}t})\right]$$

当 $t = 0^+$ 时，$\sigma_{xx}(0^+) = 9K\varepsilon_0$。此后，由于应力松弛作用，$\sigma_{xx}$ 逐渐减小，最后趋于渐近值：

$$\sigma_{xx} = 9K\left(\frac{q_0}{6K + q_0}\right)\varepsilon_0$$

$$\varepsilon_{yy}(t) = \varepsilon_{zz}(t) = \varepsilon_0 H(t) - \frac{9K}{q_0 + 6K}(1 - e^{-\frac{q_0 + 6K}{q_1}t})\varepsilon_0$$

第 8 章 沥青与沥青混合料的静态黏弹特性

沥青与沥青混合料的静态黏弹特性是指在恒定荷载（应力、应变或剪变率）作用下，沥青与沥青混合料的性能随着时间的变化情况，主要分为蠕变性能、蠕变恢复性能和应力松弛性能。因沥青与沥青混合料的静态黏弹特性对沥青路面的高低温性能有重要影响，多年来其静态黏弹特性的研究一直备受关注。

8.1 沥青与沥青混合料的蠕变、松弛特性

8.1.1 沥青的蠕变特性

蠕变性能表征了沥青材料在荷载作用下的抗变形能力。图 8.1 为两种基质沥青在 20 ℃和 25 ℃下的蠕变试验结果。施加的恒定剪切力为 100 Pa。从图中可以看出，对同一种沥青，高温下的变形速度大于低温下的变形速度，即沥青在高温下更容易产生变形；A 和 B 两种沥青的抗变形能力有所不同，在同一温度下，A 沥青的变形速度大于 B 沥青，说明 A 沥青的抗变形能力优于 B 沥青。另一方面，从蠕变柔量随着时间的变化规律来看，荷载作用瞬间，A 和 B 两种沥青均没有出现明显的瞬时弹性或者仅有很小的瞬时弹性；随着时间的增加，蠕变柔量几乎是线性变化的，其变形特征类似于液体。

8.1.2 沥青的蠕变恢复特性

对沥青施加一定量的荷载使其产生蠕变以后，如将此荷载卸去，在蠕变延伸的相反方向上沥青的应变随时间而减小，这一现象称为蠕变恢复，又称蠕变回复。沥青的蠕变恢复能力反映了它内部结构抵抗滑移变形的能力。

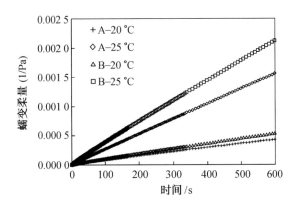

图 8.1 蠕变试验结果

图 8.2 为 7 种沥青(5 种基质沥青与 2 种改性沥青)在 60 ℃下的蠕变恢复试验结果。每个蠕变周期加载 1 s,卸载 9 s,重复循环 100 次。在加载阶段,5 种基质沥青的应变明显大于 2 种改性沥青;但经过恢复阶段,卸载后的变形恢复由于改性沥青的弹性特征导致与基质沥青大不相同。基质沥青除了在蠕变恢复初期极少的弹性变形恢复外,变形恢复基本不再随时间继续增加。这说明基质沥青在蠕变阶段的变形主要是黏性流动变形,卸载后是不可恢复的。而改性沥青在加载阶段产生的应变较小,卸载阶段又表现出较强的变形恢复能力,这对抵抗路面车辙是非常有利的。

通过 Burgers 模型对第 50 次及第 51 次的蠕变恢复试验结果进行拟合并取平均值得出各沥青材料蠕变劲度的黏性成分 G_v,结果见表 8.1。不同应力条件下的各沥青材料的 G_v 相差较小,说明应力的不同对 G_v 值的影响较小。不同应力条件下,各沥青 G_v 值的排序结果一致,排序结果为 F>E>A-50>B-70Ⅰ>B-70Ⅱ>C-90>D-110。对于累积应变来讲,作用的应力越大,沥青的累积应变越大。不同应力条件下,各沥青材料累积应变排序结果为 D-110>C-90>B-70Ⅱ>B-70Ⅰ>A-50>E>F。高温条件下,沥青材料的 G_v 值越大,抵抗变形的能力越强,产生的累积变形就越小,沥青材料的高温性能越好。因此,若以此来评价沥青的高温性能,沥青 F 的高温性能最好,而沥青 D-110 的高温性能最差。

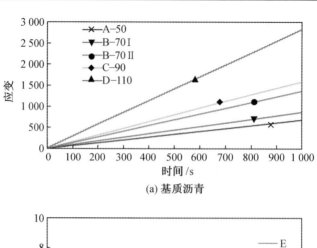

(a) 基质沥青

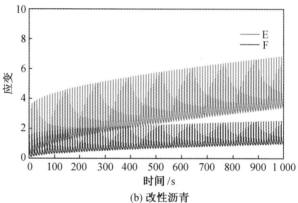

(b) 改性沥青

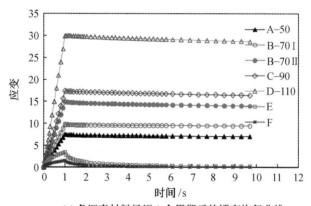

(c) 各沥青材料经历1个周期后的蠕变恢复曲线

图 8.2　各沥青重复蠕变恢复曲线

表 8.1　不同剪切应力下重复蠕变试验拟合的 G_v 值及累积应变

应力/Pa	参数	沥青试样						
		A-50	B-70 I	B-70 II	C-90	D-110	E	F
30	G_v/Pa	402.6	315.5	208.2	173.8	100.2	1 588.1	3 412.3
	累积应变	6.81	8.65	13.64	15.89	28.348	0.034	0.01
100	G_v/Pa	396.4	311.7	195.0	172.0	100.3	1 514.3	3 378.3
	累积应变	24.53	31.05	49.81	57.21	98.77	0.08	0.03
300	G_v/Pa	394.6	302.7	194.4	171.4	100.1	1 487.1	3 324.0
	累积应变	75.13	97.34	154.31	175.04	300.43	0.27	0.07

8.1.3　沥青的松弛特性

对沥青施加恒定的应变,由于松弛特性,沥青的应力会随时间逐渐减小。沥青的应力松弛性能表征沥青在变形时,内力的消散能力。图 8.3 为两种基质沥青在 20 ℃ 和 25 ℃ 两种温度下的应力松弛试验结果,施加的恒定应变为 1%。由该图可见,对同一种沥青来说,高温下的应力松弛速度大于低温下的应力松弛速度,即高温下沥青的内力更容易耗散;A、B 两种沥青的内力耗散能力有所不同,在同一温度下,A 沥青的应力松弛率小于 B 沥青,说明 A 沥青的内力耗散能力不如 B 沥青。另一方面,从松弛模量随着时间的变化规律来看,荷载作用瞬间,A、B 两种沥青的松弛模量出现了瞬时的骤降;随着时间的增加,松弛模量的变化速率逐渐减小,应力随着时

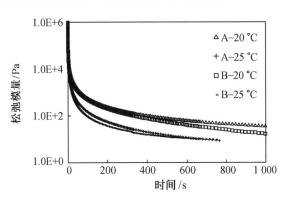

图 8.3　应力松弛试验结果

间的增加松弛得也越来越慢。

8.1.4 沥青混合料的蠕变特性

沥青的黏弹特性使沥青混合料同样具有黏弹特性,但由于石料的存在,其黏弹性的表现与沥青不同。图 8.4 为不同沥青混合料的蠕变试验结果。与图 8.1 不同,沥青混合料的蠕变特性具有较明显的瞬时弹性。对于 90# 沥青混合料其蠕变过程分为明显的三阶段:迁移阶段,在荷载作用下变形迅速增大;稳定阶段,在荷载作用下变形稳定增长,竖向变形与加载次数呈直线关系;破坏阶段,在荷载作用下,竖向变形随着时间增加迅速增大直至试件破坏。对于 30# 沥青混合料而言,蠕变过程主要分为迁移和稳定两个阶段。

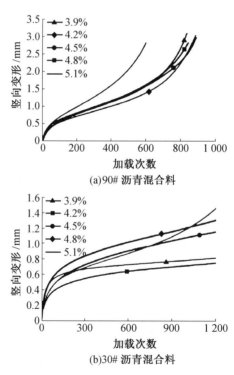

图 8.4　沥青混合料蠕变试验结果

8.2 沥青的触变性

8.2.1 触变性对沥青疲劳性能的影响

循环荷载作用下,沥青的触变性可引起沥青性能的下降,但该部分降低的性能在荷载停止作用后是可以完全恢复的。图 8.5 和图 8.6 所示为某沥青在应力、应变两种控制模式下,间歇前后的归一化模量－相位角关系曲线。

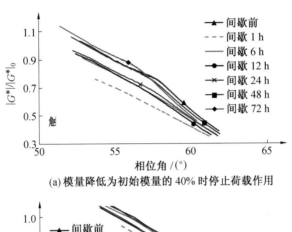

(a) 模量降低为初始模量的 40% 时停止荷载作用

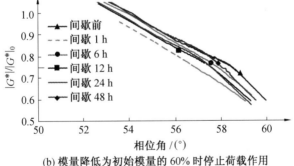

(b) 模量降低为初始模量的 60% 时停止荷载作用

图 8.5　某沥青归一化模量－相位角关系曲线(应力控制模式)

从图中可以看出随着荷载停止作用时沥青模量的不断增加,即随着荷载作用时间的不断缩短,间歇后的归一化模量－相位角关系曲线逐渐向上靠近间歇前的曲线。此外随着间歇时间的增加,间歇后的归一化模量－相位角关系曲线也是不断向上靠近间歇前曲线的。

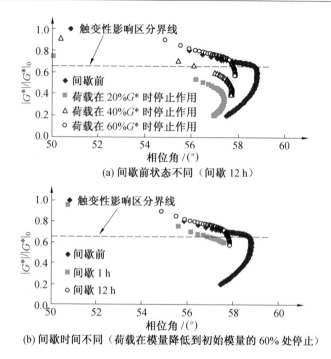

图 8.6 某沥青归一化模量－相位角关系曲线（应变控制模式）

从图 8.5(b) 可见，当间歇时间为 48 h 时，虽然间歇后的曲线没有与间歇前的曲线完全重合，但在转折点之前的部分（图中所示虚线以上的部分），间歇前后的曲线是基本重合的。对于间歇时间为 72 h 的情况，在转折点之前的部分，间歇后的曲线略高于间歇前的曲线。对于这一现象初步认为是由于沥青硬化的现象造成的，按间歇前后曲线重合的情况考虑。参考以往的研究，作者认为转折点之前沥青性能的下降是完全受触变性影响的。当荷载在转折点之前停止作用时，间歇时间足够长，沥青的归一化模量－相位角关系曲线是可以完全恢复的。

8.2.2 沥青的触变模型

图 8.7 为 4 种沥青在剪变率分别为 0.01 和 0.1 时黏度的变化曲线。从图中可以看出，当剪变率为 0.01 时，随着剪切时间的增加，沥青的黏度逐渐增加到某值后基本保持不变；当剪变率为 0.1 时，试验初期沥青的黏度有一定程度的增加，之后随着剪切时间的增加，沥青的黏度不断降低。荷

载作用初期沥青黏度的增加可以认为是由于剪变率过低引起沥青内部结构的生成引起的。

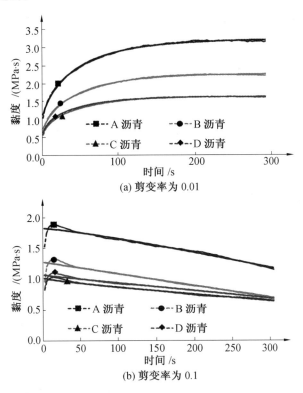

图 8.7 4 种沥青的黏度变化曲线

采用下式所示的指数触变模型对沥青的黏度曲线进行回归,回归后的曲线图如图 8.7 所示。

$$\eta = \eta_\infty + (\eta_0 - \eta_\infty)e^{-kt^m} \tag{8.1}$$

式中 η——t 时刻的黏度,Pa·s;

η_∞——以一定剪切速率剪切达到动态平衡时的黏度,Pa·s;

η_0——(初始)黏度,Pa·s;

k——用于表征在一定剪切速率下初始单位时间内结构被破坏的程度;

m——随剪切时间的延长,结构被继续破坏的快慢程度。

从图中可以看出,对于相对较低的剪变率 0.01,指数触变模型可以很好地拟合沥青黏度随时间变化的数据；对于相对较高的剪变率0.1，指数触变模型无法表示试验初期黏度的增加过程，但可以很好地拟合沥青黏度随时间降低这部分的试验数据。然而对于剪变率为0.1的情况，荷载作用初期黏度增加所经历的时间很短，黏度随时间降低的情况才代表了该曲线的整体趋势。因此可以初步认为指数触变模型可以较好地反映沥青黏度随时间变化的情况。

8.3 关于零剪切黏度

8.3.1 零剪切黏度

第2章中，在非牛顿流体曲线中已经定义了零剪切黏度。按照这样的定义，零剪切黏度通常是非牛顿流体曲线描述的流体在第一牛顿流区域中趋于常数并达到最大值的黏度。零剪切黏度是剪切速度趋于零时黏度的渐近值，需要在剪切速度非常小的极限情况下测定。

目前，测算零剪切黏度(ZSV)的方法主要有以下几种：

1. 静态试验方法

本来意义的零剪切黏度应该在黏流状态下采用适当的测黏手段测定得到。但在很多情况下，例如低温条件下的沥青、较高的温度范围内的改性沥青、通常的试验模式下的沥青混合料等，被测试样均表现出显著的黏弹特性。此时，必须借助一定的力学分析手段，才能将黏性流动成分和延迟弹性变形分量区分开来，实现所谓的黏弹分离。在实现黏弹分离之后，方能进一步研究试样的黏性流动部分是否具有非牛顿特性，从而采用必要的手段确定零剪切黏度。

常用的黏弹分离手段包括：

(1) 利用长时间蠕变试验得到的蠕变变形曲线最终段的切线斜率获得黏度；

(2) 利用长时间蠕变恢复试验的残余变形和变形恢复时间获得黏度；

(3) 利用离散延迟谱拟合得到零剪切黏度；

(4) 利用稳态剪切试验和流变模型，拟合算出零剪切黏度。

2. 动态试验方法

利用长时间的单循环蠕变试验或蠕变恢复试验测定零剪切黏度,为了达到稳定流动状态或获得完全的变形恢复,经常需要较长的时间(几小时甚至几天)。在低频率正弦交变加载模式下进行频率扫描,测定角频率接近零时的沥青黏度作为近似的零剪切黏度,或采用专门的商用软件计算零剪切黏度,则需要精确的测量与分析手段。

常用的动态试验方法包括:

(1) 利用低频动载试验或者频率扫描试验逼近零剪切黏度;

(2) 测定不同剪切速率下的动力黏度,利用相关的流变模型对试验曲线拟合,推算出零剪切黏度。

8.3.2 静态模式确定零剪切黏度

图 8.8 是采用稳态剪切试验测得的 5 种基质沥青和 2 种改性沥青的黏度曲线(图中字母后面的数字表示沥青标号,例如 A－50 表示 50 号沥青 A)。从图中可以看出,对于基质沥青而言,施加荷载的初始阶段,黏度随着剪变率的增加几乎不变,沥青呈现牛顿流体特性;当剪变率增加到一定程度后,沥青出现剪切稀化的现象,黏度随着剪变率的增加按一定的比例降低。不同沥青呈现牛顿流体特性所对应的剪变率范围不同,总体来看 50♯ 沥青＞70♯ 沥青＞90♯ 沥青。对于改性沥青而言,牛顿流体阶段所对应的剪变率范围更小。对于改性沥青 E,从剪变率 0.01(1/s) 开始,黏度就已经随着剪变率的增加慢慢降低了。

采用式(8.2)所示的 Cross 模型以及式(8.3)所示的 Carreau 模型拟合黏度曲线进而推算出沥青的零剪切黏度。7 种沥青材料的 ZSV 值,见表8.2。

$$\frac{\eta-\eta_\infty}{\eta_0-\eta_\infty}=\frac{1}{1+(k\dot{\gamma})^n} \tag{8.2}$$

$$\frac{\eta-\eta_\infty}{\eta_0-\eta_\infty}=\frac{1}{(1+(k\dot{\gamma})^2)^{n/2}} \tag{8.3}$$

式中　　η_0——零剪切黏度 ZSV(Pa·s);

η_∞——无穷剪切黏度(Pa·s);

$\dot{\gamma}$——稳定状态的剪切速率(1/s);

k——常数,具有时间量纲的材料参数;

n——常数,无量纲材料参数。

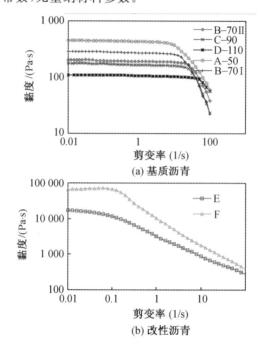

图 8.8 沥青黏度-剪切速率曲线

表 8.2 各沥青模型拟合得到的零剪切黏度汇总表(静态法)

沥青种类	$\eta_0/(\text{Pa} \cdot \text{s})$	
	Cross	Carreau
A-50	445.5	443.5
B-70 I	281.7	282.0
B-70 II	198.5	198.8
C-90	170.3	171.0
D-110	106.0	106.4
E	19 837.8	17 055.2
F	77 238.2	72 137.7

表 8.2可以看出 Cross 模型及 Carreau 模型拟合后的 ZSV 数值比较接近,数值之间的偏差不超过1%。5种基质沥青在低速率剪切条件下,黏度

值趋于稳定,通过两个模型拟合出来的零剪切黏度基本一致。而对于改性沥青来讲,Cross 模型拟合的 ZSV 值与 Carreau 模型拟合的 ZSV 值相比偏大。从模型的本构方程上分析,常数 k 与剪切速率 $\dot{\gamma}$ 的乘积在剪切速率趋近于 0 时,其值很小,对两个模型的参数拟合影响不显著。$0 < n < 1$,Cross 模型本构方程右侧的分母值要大于 Carreau 模型的,在对相同的黏度曲线进行拟合时,Cross 模型拟合的 η_0 也相应地要大于采用 Carreau 模型拟合的 η_0。

8.3.3 动态模式确定零剪切黏度

对沥青进行频率扫描试验,可以得到沥青的复数黏度主曲线。根据如式(8.4)所示的 Cox—Merz 关系,将动态测量中的复数黏度转化为稳态测量中的表观剪切黏度。然后采用 Cross 模型和 Carreau 模型对曲线进行拟合,便可得到零剪切黏度。

$$|\eta^*(\omega)| = \eta(\dot{\gamma}) \tag{8.4}$$

式中　ω——动态测量中的角频率(rad/s);

　　　$\dot{\gamma}$——稳态测量中的剪变率(1/s);

　　　$|\eta^*(\omega)|$——复数黏度(Pa·s);

　　　$\eta(\dot{\gamma})$——表观黏度(Pa·s)。

图 8.9 为 5 种基质沥青和 2 种改性沥青(与图 8.8 沥青相同)采用频率扫描和 Cox—Merz 转换得到的黏度曲线。为对比分析动静态方法所得到黏度曲线的差别,将相同沥青不同方法得到的曲线绘制在同一坐标系中。从图中可以看出,两种方法得到的黏度曲线在第一牛顿区基本重合,而随着剪切速率的逐渐增加,两条曲线逐渐出现分离。由于动态法得到的黏度主曲线需要采用 Cox—Merz 这一经验关系,其对沥青的适用性还需要进一步验证。

各沥青零剪切黏度的计算结果见表 8.3。从表中可见,对于基质沥青 Cross 模型与 Carreau 模型拟合计算的零剪切黏度相差不大,且与表 8.2 中的结果较为接近。而对于改性沥青,两种模型拟合得到的零剪切黏度相差较大,且与静态拟合得到的结果也存在很大差距。由此说明,对于基质沥青,选择静态模式 Cross 模型或 Carreau 模型、动态模式 Cross 模型或 Carreau 模型 4 种组合中的一种确定沥青的零剪切黏度即可。

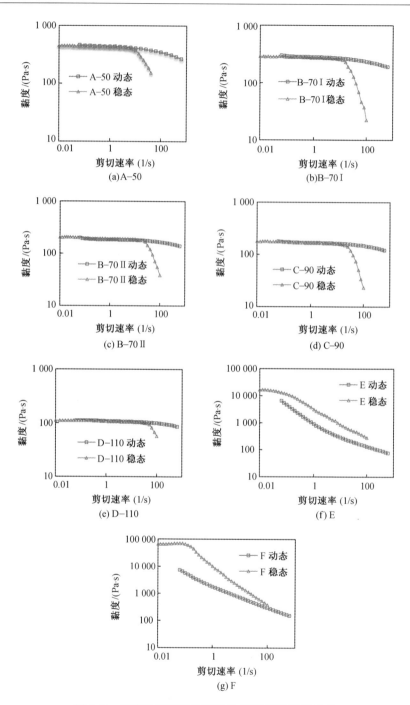

图 8.9 动态法得到的各沥青在 60℃ 下的黏度曲线

表 8.3　各沥青的零剪切黏度汇总表(动态法)

沥青种类	$\eta_0/(\text{Pa}\cdot\text{s})$	
	Cross	Carreau
A—50	465.7	442.3
B—70 I	301.7	287.6
B—70 II	193.9	188.1
C—90	175.6	170.6
D—110	111.2	108.7
E	365 852.0	17 324.5
F	116 972.9	7 381.4

第9章 沥青与沥青混合料的动态黏弹特性

沥青与沥青混合料的动态黏弹特性是指在交变荷载（应力或应变）作用下，沥青与沥青混合料的黏弹性能随着频率的变化情况。沥青与沥青混合料的动态黏弹特性的测定基于频率扫描试验，然而在实际试验中，仪器所能施加的频率范围较小，不能测得沥青材料在宽频率范围内的黏弹特性。因此，为得到沥青材料黏弹特性参数在宽频率域内的变化情况，需基于时－温等效原理，将不同温度下所测得的试验曲线平移至同一温度，从而得到在一定温度下宽频率域内沥青与沥青混合料的动态黏弹特性。

9.1 沥青与沥青混合料的模量主曲线

9.1.1 模量主曲线模型

目前针对沥青与沥青混合料的动态黏弹特性的模型已有很多研究，代表性的数学模型有 Power law 模型、CASB 模型、Dickinson and Witt 模型、CA 模型等。2001 年，Zeng 和 Bahia 等在 CA 模型的基础上，提出了可以很好地描述沥青与沥青混合料动态黏弹特性的模型——CAM改进模型（Marasteanu and Anderson），该模型适合描述基质沥青、改性沥青及沥青混合料的模量主曲线，方程如下：

$$G^* = G_e^* + \frac{G_g^* - G_e^*}{[1 + (f_c/f')^k]^{m_e/k}} \tag{9.1}$$

式中 G_e^*——平衡态复数剪切模量，即 $f \to 0$ 或高温时的复数剪切模量 G^*，对于沥青 $G_e^* = 0$；

G_g^*——玻璃态复数剪切模量，即 $f \to \infty$ 或低温时的复数剪切模量 G^*；

f_c——交叉频率，渐进线 m_e 与玻璃态复数剪切模量渐近线交叉点的频率；

f'——换算频率，是温度和应变的函数；

k,m_e——形状参数，无量纲。

基于式(9.1)，在频率从零增加到无穷大的过程中，沥青材料的复数剪切模量与频率关系示意图如图 9.1 所示。

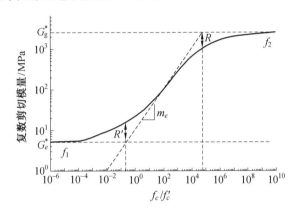

图 9.1 复数模量主曲线模型示意图

$G^*(f_c)$ 和 G_g^* 在对数坐标上的截距记为 R，R 与形状参数 k,m_e 有关，意味着松弛谱的宽度，R 值越大表明从弹性行为逐渐转变为黏性行为更容易，这种转变行为对频率变化和中频段低 G^* 值和高相位角很不敏感，R 计算公式为

$$R = \log \frac{2^{m_e/k}}{1+(2^{m_e/k}-1)G_e^*/G_g^*} \tag{9.2}$$

式中 R——$G^*(f_c)$ 和 G_g^* 在对数坐标上的截距，又称流变参数；对于沥青，$G_e^* = 0$，$R = \dfrac{m_e}{k}\log 2$。

$G^*(f'_c)$ 和 G_e^* 在对数坐标上的截距记为 R'，R' 是与形状参数 k,m_e 有关，R' 意味着延迟谱的宽度，计算公式为

$$R' = \log\left\{1+\left(\frac{G_g^*}{G_e^*}-1\right)\left[1+\left(\frac{G_g^*}{G_e^*}\right)^{k/m_e}\right]^{-m_e/k}\right\} \tag{9.3}$$

对于沥青，$G_e^* = 0$，$R' = \log 2$。

9.1.2 模量主曲线的建立

沥青与沥青混合料模量主曲线的建立首先需要对其进行不同温度下

的频率扫描试验,如图 9.2(a)所示。然后,选定目标主曲线的温度,依据时温等效原理,采用第 2 章中所讲述的 WLF 公式或 Arrenius 确定移位因子。最后,采用式(9.1)并利用 EXCEL 或 Origin 等软件,进行曲线的拟合优化,使平移后的主曲线与实际测得的模量误差最小。按照此方法得到平移后的模量主曲线如图 9.2(b)所示。

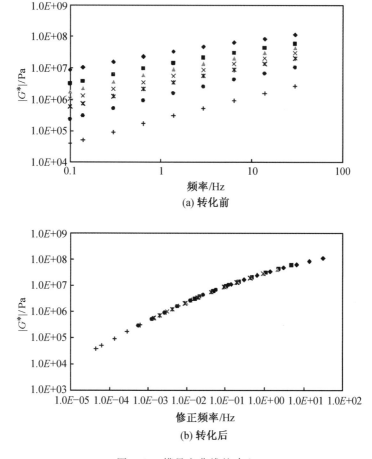

图 9.2 模量主曲线的建立

图 9.3 为两种基质沥青在不同温度下的模量主曲线。从图中可以看出:

(1) 不同参考温度条件下,同一种沥青的复数剪切模量主曲线形状是相同的,表明不同温度下沥青材料的复数剪切模量随频率变化而产生的形态转变趋势是一致的,只是不同参考温度下模量曲线形态的转变所对应的频率不同。

(2) 两种沥青在不同参考温度下的复数模量主曲线形态相似,均在末端出现极限值,并达到同一水平,表明同种沥青在各参考温度下的黏弹参数极值是相同的,即黏弹参数极值不受温度限制。

(3) 同种沥青相同温度间隔之间主曲线的距离不同,从低温向高温变化的过程中,在双对数坐标下,相同温度间隔之间的主曲线的距离不断减小,说明沥青材料在高温时黏弹性能变化敏感性减弱,间距的大小在一定程度上反映了沥青材料的温度敏感性。

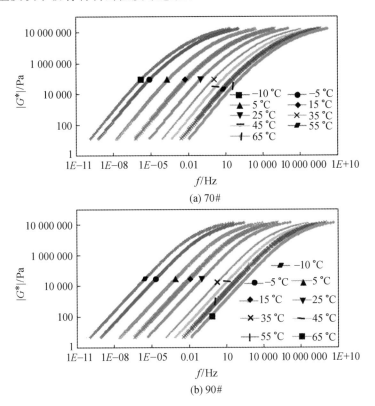

图 9.3　两种基质沥青的模量主曲线[7]

随着沥青内填料的加入,沥青材料的模量主曲线发生变化,逐渐向混合料模量主曲线靠近,如图 9.4 所示。随着填料含量的增加,沥青胶浆的平衡态复数剪切模量即 G_e^* 值不断增加。当沥青中填料的含量达到

60%（体积分数）时，沥青胶浆模量主曲线与混合料模量主曲线的性状及发展趋势接近。

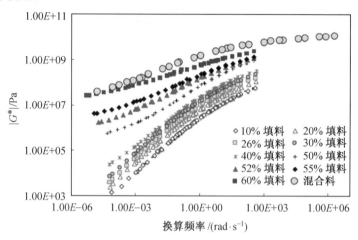

图 9.4　填料对沥青材料模量主曲线的影响图

9.2　沥青的疲劳－流变机理

目前沥青的疲劳机理主要是基于损伤理论的，认为循环荷载作用下沥青内部会逐渐出现微裂纹、宏观裂纹，宏观裂纹联合而导致沥青疲劳破坏。然后，作为典型的黏弹性材料，沥青的疲劳特性具有特殊性。已有研究发现：沥青在重复荷载作用下初期模量的降低是由于非线性黏弹特性（伪劲度、触变性）而不是损伤引起的，在荷载间歇过程中这部分降低的模量会慢慢恢复。由此可见，沥青的疲劳是损伤和流变共同作用的结果，仅基于损伤理论研究沥青的疲劳是片面的。本节将介绍沥青的疲劳－流变机理。

9.2.1　沥青的疲劳－流变过程

循环荷载初期沥青模量的降低以及停止作用后性能的恢复均是由触变性引起的。然而荷载的大小不同，沥青呈现出的疲劳特性不同，触变性对沥青疲劳过程的影响程度也有可能存在差异。下面从归一化模量与荷载作用次数关系、相位角与荷载作用次数关系，以及动态模量与相位角关系 3 个方面详细分析沥青的疲劳－流变过程，研究触变性对沥青疲劳过程的影响。

1. 归一化模量与荷载作用次数关系的分析

图 9.5 和图 9.6 为不同沥青应力和应变两种控制模式下归一化模量随荷载作用次数变化的曲线图。从图 9.5 中可以看出，应力控制模式下，荷载作用初期沥青的模量迅速降低；之后随着荷载作用次数的增加，模量的变化缓慢；当荷载作用次数达到一定程度后模量迅速降低至试件完全破坏。整个疲劳过程，归一化模量－荷载作用次数曲线存在两个转折点。然而需要注意的是，随着控制应力的不断降低，曲线第一个转折点所对应的归一化模量不断提高。当控制应力达到 0.1 MPa 时（为了更清楚地显示 0.4 MPa 和 0.2 MPa 控制应力下曲线的变化情况，图中没有给出 0.1 MPa 下的疲劳曲线），曲线的第一个转折点消失。因此完全根据曲线转折点划分沥青的疲劳过程是不合理的。

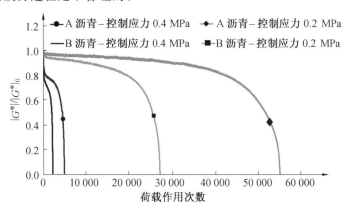

图 9.5 应力控制模式下归一化模量－荷载作用次数曲线

图 9.6 为 A，B，C 和 D4 种沥青应变控制模式下的归一化模量－荷载作用次数关系曲线。从图中可以看出，荷载作用初期模量迅速降低，之后变化相对缓慢；当荷载作用次数达到一定程度后，归一化模量与荷载作用次数几乎成直线关系；当模量降低到一定程度后，模量的降低速度逐渐降低至试件慢慢完全破坏。同样，随着控制应变的逐渐降低，荷载作用初期模量迅速降低的部分逐渐缩短至消失。但无论控制应变为多少，归一化模量－荷载作用次数曲线均存在明显的 3 个阶段。归一化模量近似线性变化的阶段为第 Ⅱ 阶段，该阶段之前和之后分别为第 Ⅰ 和第 Ⅲ 阶段。

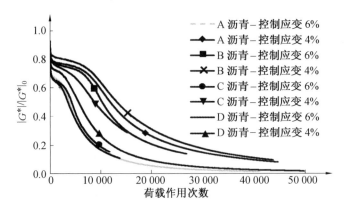

图9.6　应变控制模式下归一化模量－荷载作用次数曲线

2. 相位角与荷载作用次数关系

相位角与荷载作用次数的关系曲线同样是沥青疲劳问题研究中最常用的曲线形式。图9.7和图9.8为各种沥青应力和应变两种控制模式下相位角比(各个循环的相位角与初始相位角的比值)随荷载作用次数的变化图。从图9.7可以看出,应力控制模式下,荷载作用初期相位角显著增加,沥青处于疲劳过程第 Ⅰ 阶段;当达到某值后,相位角增加速度十分缓慢或基本保持不变,此时沥青处于第 Ⅱ 阶段;当荷载作用次数增加到一定程度后,相位角迅速增加至试件完全破坏,该阶段为第 Ⅲ 阶段。

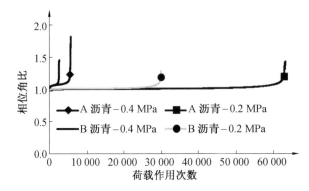

图9.7　应力控制模式下相位角比－荷载作用次数曲线

图9.8显示:应变控制模式下,荷载作用初期随着荷载作用次数的增加,相位角迅速增加,曲线存在明显转折点;当相位角达到最大值后,随着荷载作用次数的增加,相位角不断降低。

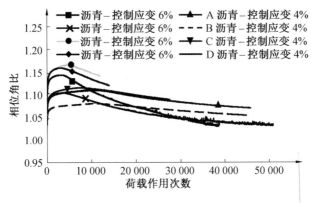

图 9.8 应变控制模式下相位角比－荷载作用次数曲线

3. 动态模量与相位角关系的分析

图 9.9 和图 9.10 分别为某种沥青不同加载模式下的动态模量－相位角关系图。为了比较分析曲线转折点前后沥青内部结构的变化情况,图中还加入了该沥青应力扫描和应变扫描试验测得的动态模量与相位角的关系。

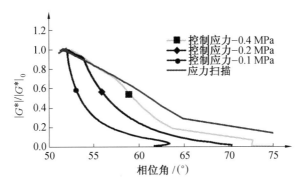

图 9.9 应力控制模式下沥青动态模量－相位角关系图

从图 9.9 可以看出,当控制应力为 0.4 MPa 时,随着相位角的增加,沥青的动态模量不断降低,在动态模量约等于 75% 的初始值处,曲线存在一个转折点,转折点之后动态模量的降低速度增加。随着控制应力的不断减小,动态模量－相位角曲线的转折点所对应的动态模量不断增加,即转折点出现的位置越来越靠近曲线前端。值得注意的是对于 3 种控制应力下的动态模量－相位角关系曲线,转折点之前的曲线基本与应力扫描试验得到的动态模量－相位角关系曲线重合。

图 9.10 为某种沥青应变控制模式下的动态模量－相位角关系曲线图。从图中可以看出,随着相位角的不断增加,沥青的动态模量不断降低。当相位角增加到一定值后,相位角开始随着动态模量的降低而减小。应变控制模式下的动态模量－相位角关系曲线存在转折点。随着控制应变的降低,转折点的位置也不断靠近曲线前端。与应力控制模式下的动态模量－相位角关系曲线一样,应变控制模式下的曲线在转折点之前的部分几乎与应变扫描试验得到的动态模量－相位角关系曲线重合。

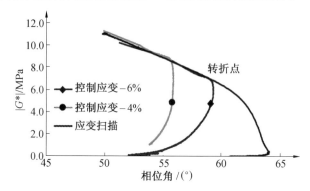

图 9.10　应变控制模式下沥青动态模量 — 相位角关系图

对于图 9.9 和图 9.10 中曲线重合的部分,虽然在疲劳试验与应力(应变)扫描试验下沥青所经历的荷载史不同,但动态模量与相位角的关系却相同,由此也说明了转折点之前沥青没有产生破坏,即转折点之前为触变性影响区。

9.2.2　损伤与触变性对沥青疲劳性能影响的分离

沥青的疲劳过程是触变性与损伤共同作用的结果。要想将触变性与损伤分离,首先要确定触变性影响区。上一节显示,荷载作用初期模量的降低完全是受触变性影响的,该部分区域为触变性影响区。

比较归一化模量－荷载作用次数、相位角－荷载作用次数和动态模量－相位角 3 种曲线形式对于沥青触变性影响区的表现情况。虽然触变性影响区在 3 种曲线中均有所反应,但相比之下动态模量－相位角关系曲线所表示的触变性影响区更准确而且分界点较容易定义。需要注意的是并不是所有控制应力或应变下动态模量－相位角关系曲线的转折点均为触变性影响区的分界点,应结合应力或应变扫描的动态模量－相位角关系曲线进行确定,即疲劳试验的动态模量－相位角关系曲线转折点在应力或应变扫描的动态模量－相位角关系曲线上达到的动态模量最大值为触变性影响区的分界点。

以图9.11所示沥青为例。当控制应变为4%或6%时,动态模量－相位角曲线在转折点之前的部分和应变扫描下相应的曲线重合,当控制应变为8%时,转折点之前疲劳试验的动态模量－相位角关系曲线就已经开始和应变扫描试验的动态模量－相位角关系曲线发生偏离。因此,对于该沥青应采用控制应变为6%的情况下,动态模量－相位角曲线的转折点作为触变性影响区的分界点。

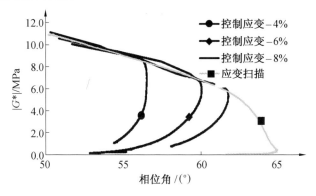

图9.11 触变性影响区划分方法

触变性影响区为沥青疲劳过程的第Ⅰ阶段,当沥青进入第Ⅱ阶段后,沥青的性能变化受触变性和损伤共同作用的影响,并且随着荷载作用次数的增加,触变性对沥青的影响逐渐减低,而损伤对沥青的影响不断增加。

8.3节指出单一剪变率作用下,沥青黏度与荷载作用时间成指数关系。根据Cox-Merz关系,当剪变率与振荡频率相当时,动态测量中的复数黏度的绝对值等于其稳态测量中表观剪切黏度的值。因此假设动态测量中触变性影响下复数黏度与荷载作用时间也成指数关系。由于动态试验中复数模量与复数黏度的关系如下:

$$|G^*(\omega)|=\omega|\eta^*(\omega)| \qquad (9.4)$$

式中　$|G^*(\omega)|$——动态模量,Pa。

因此可以假设触变性影响下动态模量与荷载作用时间成指数关系,如下式：

$$|G_T^*| = k\mathrm{e}^{-\alpha t^\beta}|G_0^*| \tag{9.5}$$

式中　$|G_0^*|$——初始动态模量，Pa；

　　　$|G_T^*|$——触变性影响下的动态模量，Pa；

　　　t——荷载作用时间；

　　　k,α,β——拟合系数。

因此可以假设触变性影响下动态模量与荷载作用时间成指数关系。

式(9.5)表示的是完全受触变性影响的情况下，沥青复数模量随荷载作用时间的变化情况。然而随着荷载作用时间的增加，沥青中逐渐出现损伤，动态模量的变化规律也随之发生改变。假设损伤因子为 $D(0<D<1)$，则出现损伤后触变性影响下的动态模量变为

$$|G_T^*| = (1-D)k\mathrm{e}^{-\alpha t^\beta}|G_0^*| \tag{9.6}$$

将该模量值减去损伤所引起的动态模量的降低则得到试验中测得的动态模量，具体关系式为

$$(1-D)k\mathrm{e}^{-\alpha t^\beta}|G_0^*| - |\Delta G_d^*| = |G_i^*| \tag{9.7}$$

式中　D——损伤因子；

　　　$|G_i^*|$——试验中测得的各个循环的动态模量，Pa。

$$|\Delta G_d^*| = D|G_0^*| \tag{9.8}$$

式中　$|\Delta G_d^*|$——损伤引起的动态模量的降低值，Pa。

式(9.7)中 $(1-D)k\mathrm{e}^{-\alpha t^\beta}|G_0^*|$ 为触变性影响下的动态模量，$|\Delta G_d^*|$ 为损伤导致的动态模量的降低值。根据该式将试验中测得的动态模量分离，进而分析损伤所引起的动态模量的变化情况。

根据以上所叙述的方法，重新分析循环荷载作用下的动态模量，将损伤和触变性对动态模量造成的影响分离，分离后的结果如图9.12所示。

图9.12显示：第Ⅰ阶段为触变性影响阶段，该阶段内动态模量的降低完全是受触变性影响的。当沥青进入第Ⅱ阶段后，沥青内部开始出现损伤，动态模量的变化受触变性和损伤共同影响。触变性影响下动态模量的变化曲线与损伤影响下动态模量的变化曲线相似。当模量降低到一定程度后，损伤影响下动态模量的降低速度略快于触变性影响下动态模量的降低速度。

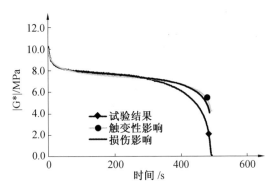

图 9.12　某沥青动态模量分离结果

从沥青动态模量分离后的结果可以明显看出,由于触变性的影响使得试验测得的动态模量的变化并不能真实地反映材料的疲劳过程。仅仅通过试验得到的动态模量研究沥青的疲劳特性会低估沥青乃至沥青路面的疲劳寿命。沥青疲劳特性的研究应分析剔除触变性影响后的动态模量变化曲线。

为了进一步分析触变性对沥青疲劳性能的影响,以触变性影响分离后的 $50\%|G^*|$ 作为疲劳寿命评价指标,分析该点模量的降低情况,见表 9.1。从表 9.1 中可以看出,沥青达到疲劳时的动态模量均小于初始模量的 50%,由此也说明了采用触变性分离前的 $50\%|G^*|$ 作为沥青的疲劳评价指标低估了沥青的疲劳寿命,是不合理的。

表 9.1　疲劳时的模量与初始模量的比值

控制模式	沥青种类	荷载水平	$(|G^*|/|G^*|_0)/\%$
应力控制	A	0.4 MPa	35.5
		0.2 MPa	34.2
		0.1 MPa	34.0
	B	0.4 MPa	34.4
		0.2 MPa	33.7
		0.1 MPa	36.3
	C	0.2 MPa	35.1
	D	0.2 MPa	33.0

续表 9.1

控制模式	沥青种类	荷载水平	$(|G^*|/|G^*|_0)/\%$
应变控制	A	6%	34.9
		4%	42.1
	B	6%	28.4
		4%	43.5
	C	6%	37.6
		4%	43.8
	D	6%	36.8
		4%	44.8

附录　　拉氏变换简表

	$f(t)$	$\bar{f}(p)$
1	1	$\dfrac{1}{p}$
2	e^{at}	$\dfrac{1}{p-a}$
3	$t^m\,(m>-1)$	$\dfrac{\Gamma(m+1)}{p^{m+1}}$
4	$t^m e^{at}\,(m>-1)$	$\dfrac{\Gamma(m+1)}{(p-a)^{m+1}}$
5	$\sin at$	$\dfrac{a}{p^2+a^2}$
6	$\cos at$	$\dfrac{p}{p^2+a^2}$
7	$\sinh at$	$\dfrac{a}{p^2-a^2}$
8	$\cosh at$	$\dfrac{p}{p^2-a^2}$
9	$t^m \sin at\,(m>-1)$	$\dfrac{\Gamma(m+1)}{2\mathrm{i}(p^2+a^2)^{m+1}}\left[(p+\mathrm{i}a)^{m+1}-(p-\mathrm{i}a)^{m+1}\right]$
10	$t^m \cos at\,(m>-1)$	$\dfrac{\Gamma(m+1)}{2\mathrm{i}(p^2+a^2)^{m+1}}\left[(p+\mathrm{i}a)^{m+1}+(p-\mathrm{i}a)^{m+1}\right]$
11	$e^{-bt}\sin at$	$\dfrac{a}{(p+b)^2+a^2}$

续表

	$f(t)$	$\bar{f}(p)$
12	$e^{-bt}\cos at$	$\dfrac{p+b}{(p+b)^2+a^2}$
13	$e^{-bt}\sin(at+c)$	$\dfrac{(p+b)\sin c + a\cos c}{(p+b)^2+a^2}$
14	$\sin^2 t$	$\dfrac{2}{p(p^2+4)}$
15	$\cos^2 t$	$\dfrac{p^2+2}{p(p^2+4)}$
16	$\sin at \sin bt$	$\dfrac{2abp}{[p^2+(a+b)^2][p^2+(a-b)^2]}$
17	$e^{at}-e^{bt}$	$\dfrac{a-b}{(p-a)(p-b)}$
18	$ae^{at}-be^{bt}$	$\dfrac{(a-b)p}{(p-a)(p-b)}$
19	$\dfrac{1}{a}\sin at - \dfrac{1}{b}\sin bt$	$\dfrac{b^2-a^2}{(p^2+a^2)(p^2+b^2)}$
20	$\cos at - \cos bt$	$\dfrac{(b^2-a^2)p}{(p^2+a^2)(p^2+b^2)}$
21	$\dfrac{1}{a^2}[1-\cos(at)]$	$\dfrac{1}{p(p^2+a^2)}$
22	$\dfrac{1}{a^3}[at-\sin(at)]$	$\dfrac{1}{p^2(p^2+a^2)}$
23	$\dfrac{1}{a^4}[\cos(at)-1]+\dfrac{t^2}{2a^2}$	$\dfrac{1}{p^3(p^2+a^2)}$
24	$\dfrac{1}{a^4}[\cosh(at)-1]-\dfrac{t^2}{2a^2}$	$\dfrac{1}{p^3(p^2-a^2)}$

续表

	$f(t)$	$\bar{f}(p)$
25	$\dfrac{1}{2a^3}[\sin at - at\cos(at)]$	$\dfrac{1}{(p^2+a^2)^2}$
26	$\dfrac{t}{2a}\sin at$	$\dfrac{p}{(p^2+a^2)^2}$
27	$\dfrac{1}{2a}(\sin at + at\cos at)$	$\dfrac{p^2}{(p^2+a^2)^2}$
28	$\dfrac{1}{a^4}[1-\cos(at)]-\dfrac{1}{2a^3}t\sin at$	$\dfrac{1}{p(p^2+a^2)^2}$
29	$(1-at)\mathrm{e}^{-at}$	$\dfrac{p}{(p+a)^2}$
30	$t\left(1-\dfrac{a}{2}t\right)\mathrm{e}^{-at}$	$\dfrac{p}{(p+a)^3}$
31	$\dfrac{1}{a}(1-\mathrm{e}^{-at})$	$\dfrac{1}{p(p+a)}$
32	$\dfrac{1}{ab}+\dfrac{1}{b-a}\left(\dfrac{\mathrm{e}^{-bt}}{b}-\dfrac{\mathrm{e}^{-at}}{a}\right)$	$\dfrac{1}{p(p+a)(p+b)}$
33	$\dfrac{\mathrm{e}^{-at}}{(b-a)(c-a)}+\dfrac{\mathrm{e}^{-bt}}{(a-b)(c-b)}+\dfrac{\mathrm{e}^{-ct}}{(a-c)(b-c)}$	$\dfrac{1}{(p+a)(p+b)(p+c)}$
34	$\dfrac{a\mathrm{e}^{-at}}{(a-b)(c-a)}+\dfrac{b\mathrm{e}^{-bt}}{(a-b)(b-c)}+\dfrac{c\mathrm{e}^{-ct}}{(c-a)(b-c)}$	$\dfrac{p}{(p+a)(p+b)(p+c)}$

续表

	$f(t)$	$\bar{f}(p)$
35	$\dfrac{a^2 \mathrm{e}^{-at}}{(b-a)(c-a)} + \dfrac{b^2 \mathrm{e}^{-bt}}{(a-b)(c-b)} + \dfrac{c^2 \mathrm{e}^{-ct}}{(a-c)(b-c)}$	$\dfrac{p^2}{(p+a)(p+b)(p+c)}$
36	$\dfrac{\mathrm{e}^{-at} - \mathrm{e}^{-bt}[1-(a-b)t]}{(a-b)^2}$	$\dfrac{1}{(p+a)(p+b)^2}$
37	$\dfrac{[a-b(a-b)t]\mathrm{e}^{-bt} - a\mathrm{e}^{-at}}{(a-b)^2}$	$\dfrac{p}{(p+a)(p+b)^2}$
38	$\mathrm{e}^{-at} - \mathrm{e}^{\frac{at}{2}}\left(\cos\dfrac{\sqrt{3}}{2}at - \sqrt{3}\sin\dfrac{\sqrt{3}}{2}at\right)$	$\dfrac{3a^2}{p^3 + a^3}$
39	$\sin at \cosh at - \cos at \sinh at$	$\dfrac{4a^3}{p^4 + 4a^4}$
40	$\dfrac{1}{2a^2}\sin at \sinh at$	$\dfrac{p}{p^4 - a^4}$
41	$\dfrac{1}{2a^3}(\sinh at - \sin at)$	$\dfrac{1}{p^4 - 4a^4}$
42	$\dfrac{1}{2a^2}(\cosh at - \cos at)$	$\dfrac{p}{p^4 - a^4}$
43	$\dfrac{1}{\sqrt{\pi t}}$	$\dfrac{1}{\sqrt{p}}$
44	$2\sqrt{\dfrac{t}{\pi}}$	$\dfrac{1}{p\sqrt{p}}$
45	$\dfrac{1}{\sqrt{\pi t}}\mathrm{e}^{at}(1+2at)$	$\dfrac{p}{(p-a)\sqrt{p-a}}$
46	$\dfrac{1}{2t\sqrt{\pi t}}(\mathrm{e}^{bt} - \mathrm{e}^{at})$	$\sqrt{p-a} - \sqrt{p-b}$

续表

	$f(t)$	$\bar{f}(p)$
47	$\delta(t)$	1
48	$J_0(at)$	$\dfrac{1}{\sqrt{p^2+a^2}}$
49	$I_0(at)$	$\dfrac{1}{\sqrt{p^2-a^2}}$
50	$J_0(2\sqrt{at})$	$\dfrac{1}{p}\mathrm{e}^{-\frac{a}{p}}$
51	$\dfrac{1}{\sqrt{\pi t}}\cos(2\sqrt{at})$	$\dfrac{1}{\sqrt{p}}\mathrm{e}^{-\frac{a}{p}}$
52	$\dfrac{1}{\sqrt{\pi t}}\cosh(2\sqrt{at})$	$\dfrac{1}{\sqrt{p}}\mathrm{e}^{\frac{a}{p}}$
53	$\dfrac{1}{\sqrt{\pi t}}\sin(2\sqrt{at})$	$\dfrac{1}{p\sqrt{p}}\mathrm{e}^{-\frac{a}{p}}$
54	$\dfrac{1}{\sqrt{\pi t}}\sinh(2\sqrt{at})$	$\dfrac{1}{p\sqrt{p}}\mathrm{e}^{\frac{a}{p}}$
55	$\dfrac{1}{t}(\mathrm{e}^{bt}-\mathrm{e}^{at})$	$\ln\dfrac{p-a}{p-b}$
56	$\dfrac{2}{t}\sinh at$	$\ln\dfrac{p+a}{p-a}=2\tanh^{-1}\dfrac{a}{p}$
57	$\dfrac{2}{t}(1-\cos at)$	$\ln\dfrac{p^2+a^2}{p^2}$
58	$\dfrac{2}{t}(1-\cosh at)$	$\ln\dfrac{p^2-a^2}{p^2}$
59	$\dfrac{1}{t}\sin at$	$\tan^{-1}\dfrac{a}{p}$

续表

	$f(t)$	$\overline{f}(p)$
60	$\dfrac{1}{t}(\cosh at - \cos bt)$	$\ln\sqrt{\dfrac{p^2+b^2}{p^2-a^2}}$
61	$\dfrac{1}{\pi t}\sin(2a\sqrt{t})$	$\operatorname{erf}\left(\dfrac{a}{\sqrt{p}}\right)$
62	$\dfrac{1}{\sqrt{\pi t}}\mathrm{e}^{-2a\sqrt{t}}$	$\dfrac{1}{\sqrt{p}}\mathrm{e}^{\frac{a^2}{p}}\operatorname{erfc}\left(\dfrac{a}{\sqrt{p}}\right)$

注：

① 式中 a,b,c 为不相等的常数。

② $\tanh^{-1}x$——反双曲正切，$\tanh^{-1}x=\dfrac{1}{2}\ln\dfrac{x+1}{x-1}$。

③ $\operatorname{erf}(x)$——误差函数，$\operatorname{erf}(x)=\dfrac{2}{\sqrt{\pi}}\int_0^x \mathrm{e}^{-t^2}\mathrm{d}t$；

$\operatorname{erfc}(x)$——余误差函数，$\operatorname{erfc}(x)=1-\operatorname{erf}(x)=\dfrac{2}{\sqrt{\pi}}\int_x^\infty \mathrm{e}^{-t^2}\mathrm{d}t$。

参考文献

[1] 张肖宁.沥青与沥青混合料的粘弹力学原理及应用[M].北京:人民交通出版社,2006.

[2] UNDERWOOD B S. Multiscale Constitutive Modeling of Asphalt Concrete[D]. Raleigh:North Carolina State University,2011.

[3] 王端宜.设计沥青路面及其方法的研究[D].广州:华南理工大学,2003.

[4] 张肖宁,李智,虞将苗.沥青混合料的体积组成及其数字图像处理技术[J].华南理工大学学报(自然科学版),2002,30(11):113-118.

[5] 顾国芳,浦鸿汀.聚合物流变学基础[M].上海:同济大学出版社,2001.

[6] 伦克 R S.聚合物流变学[M].北京:国防工业出版社,1983.

[7] 李晓琳.基于流变特性沥青高低温性能综合评价指标的研究[D].哈尔滨:哈尔滨工业大学,2013.

[8] 单丽岩.基于黏弹特性的沥青疲劳流变机理研究[D].哈尔滨:哈尔滨工业大学,2010.

[9] 纪士东,周道森.陶瓷泥浆触变模型的研究[J].硅酸盐通报,1996,15(5):23-27.

[10] BARNES H A. Thixotropy—a review[J]. Journal of Non-Newtonian Fluid Mechanics,1997,70(1-2):1-33.

[11] 郭大智,马松林.路面力学中的工程数学[M].哈尔滨:哈尔滨工业大学出版社,2001.

[12] 周光泉,刘孝敏.黏弹性理论[M].北京:中国科学技术大学出版社,1996.

[13] 郑健龙.沥青路面温度收缩开裂的热黏弹性特性研究[D].西安:长安大学,2001.

[14] 延西利,封晨辉,梁春雨.沥青与沥青混合料的流变特性比较[J].长安大学学报(自然科学版),2002,22(5):5-8.

名词索引

A

Andrade 方程 2.2.2

Arrhenius 公式 6.4.3

B

本构方程 2.2.4

宾汉体 2.2.1

Bingham 塑性体 2.3.3

Boltzmann 叠加原理 3.2

玻璃态脆化点温度 6.4.2

C

触变性 2.2.3

Casson 塑性 2.3.3

Couette 流动 2.4.1

初值定理 4.2.2

Cox-Merz 关系 8.3.3

D

第二牛顿区 2.2.1

第一牛顿区 2.3.1

动态模量 2.2.3

剪切黏度 8.3.1

动态柔量 6.1.2

动力响应函数 6.2

第一类函数 6.3.1

第二类函数 6.3.1

Doolittle 方程 6.4.2

单纯流变物质 6.4.2

D(损伤因子) 9.2.2

F

复合流动度 2.2.1

非牛顿流体 2.1.1

反触变性 2.2.3

复数模量 2.2.3

复数黏度 8.3.3

复数柔量 6.2

G

广义 Maxwell 模型 4.5.1

广义 Kelvin 模型 4.5.2

H

虎克定律 1.1

活化能 2.2.2

Herchel-Bulkley 塑性 2.3.3
哈根－泊肃叶方程 2.4.2
耗能模量 6.1.1
耗能剪切柔量 6.1.2
耗散能 6.1.3
耗散伪应变能 6.1.3

J

阶跃试验法 2.2.3
剪切稀化 2.2.4
挤出膨胀 2.2.4
假塑区 2.3.1
剪切稀化区 2.3.1
积分性质 4.2.2
卷积 5.2
卷积定理 5.2.2
静载弹性模量 4.5.1
积分型本构方程 5.3
基准温度 6.4.1

K

扩展指数函数式 2.2.3
孔压力误差 2.2.4
Kelvin 模型 1.1

L

流动指数 2.2.1
理想塑性流体 2.2.1
流凝性 2.2.3

流动曲线 2.2.1
流动率 2.4.1
拉氏变换（拉普拉斯变换）4.2.1

M

门槛值 2.2.1
幂律公式 2.2.4
Maxwell 模型 1.1

N

黏弹性 1.1
黏度 8.3
牛顿定律 2.1.1
凝胶 2.2.3
黏度曲线 8.3.2
扭转流动 2.4.2
黏性元件 1.1

P

爬杆现象 2.2.4
平衡柔量 3.3.1
疲劳 1.2
疲劳寿命 9.2.2

Q

屈服应力 2.3.3

R

蠕变 1.1

溶胶 2.2.3

蠕变柔量 6.3.3

蠕变型本构方程 5.3

蠕变系 6.3.4

蠕变函数 5.3

S

塑性 1.1

松弛模型 4.3.2

三元件模型 4.4.1

三参量固体模型 4.4.1

三参量液体模型 4.4.1

四元件模型 4.4.2

Burgers 模型 4.4.2

松弛模量 3.1.2

松弛时间谱 5.1.2

松弛型本构方程 5.3

损耗角正切 6.1.1

瞬时剪切柔量 6.1.2

松弛函数 6.3.2

松弛弹性模量 6.3.1

松弛谱 6.3.2

时间—温度换算法则 6.4.1

时—温叠加原理 6.4.4

损伤 1.1

T

弹性元件 1.1

弹性后效 1.1

推迟时间谱 5.1.2

推迟时间分布函数 5.1.2

W

伪塑性流体 2.2.1

威森堡效应 2.2.4

稳定层流 2.4.2

伪应变 6.1.3

WLF 公式 6.4.2

X

线位移 6.4.4

旋转黏度计 2.4.1

线性叠加原理 6.3.4

相位角正切 6.1.1

Y

应变 1.1

应力 1.1

应变率 1.1

应力松弛 1.1

永久变形 1.1

延迟性质 4.2.2

应力松弛系 6.3.1

延迟谱 6.3.3

Z

滞后圈法 2.2.3

终值定理 4.2.2

折积 5.2.1

贮能模量 2.2.3

贮能剪切柔量 6.1.2

主曲线 9.1.1

学校领导必须"到位", 即必须履行

★ 参政议事履职能力要到位, 为学校的前景谋划发展, 办学理念和内涵建设提出合理化建议, 为学校的发展助力, 对学校发展和重要决策的持续力支持; 领导要关注、关爱、关心学校及之间发展共赢水平, 为民办教育的困难发展解难, 统筹规范和化解有困难, 协助学校做好师资、教学、课程、教师、专业为抓手工作的推进, 谋推和促成好工作。

★ 领导有责的到位: 协助学校教职有, 教学部门进行依法依规的教学, 统筹和实施; 学校依法设立之学定和有条件的; 协助学校做好师生正确关怀有效能力, 艺术, 体育等训练活动的加大展现出优势, 在一定程度上, 为学校师生在校外设置给进入, 助力和助力支持。

★ 领导服务质量到位: 协助学校做好各项信誉国家有关的应有之工作, 特别是上等和领导国门外教务办的应有之工作, 协助学校做好相关到领导国门场的名; 则举行作者方力的规在, 协助学校做好人与学生名名, 各出力多名, 助于名等各方力的具体理和有关工作。

★ 领导效有合作组: 协助学校教职的责任长期务, 求长任务, 完成任务等工作; 领导要求亲自, 带队的协商, 各类化成学协作水流连线了并非协; 都有发展, 论有, 各类说的工作任务、辅导等家长长之作。